高等职业教育经管类专业平台课精品教材

Office

办公自动化实务

主　编　胡亚萍　翁业林
副主编　孙文军　张丰曼　费云利

中国轻工业出版社

图书在版编目（CIP）数据

办公自动化实务/胡亚萍，翁业林主编．—北京：中国轻工业出版社，2023.1

高等职业教育“十三五”规划教材

ISBN 978-7-5184-2192-3

Ⅰ．①办… Ⅱ．①胡… ②翁… Ⅲ．①办公自动化—应用软件—高等职业教育—教材 Ⅳ．①TP317.1

中国版本图书馆 CIP 数据核字（2018）第 012116 号

责任编辑：张文佳　　责任终审：劳国强　　封面设计：锋尚设计
版式设计：砚祥志远　　责任校对：吴大鹏　　责任监印：张　可

出版发行：中国轻工业出版社（北京东长安街 6 号，邮编：100740）
印　　刷：三河市万龙印装有限公司
经　　销：各地新华书店
版　　次：2023 年 1 月第 1 版第 3 次印刷
开　　本：787 × 1092　1/16　印张：10.5
字　　数：220 千字
书　　号：ISBN 978-7-5184-2192-3　定价：32.00 元
邮购电话：010 - 65241695
发行电话：010 - 85119835　传真：85113293
网　　址：http：//www.chlip.com.cn
Email：club@chlip.com.cn
如发现图书残缺请与我社邮购联系调换
221619J2C103ZBW

高等职业教育经管类专业平台课精品教材

Office

办公自动化实务

主　编　胡亚萍　翁业林

副主编　孙文军　张聿曼　费云利

中国轻工业出版社

图书在版编目（CIP）数据

办公自动化实务/胡亚萍，翁业林主编. —北京：中国轻工业出版社，2023. 1

高等职业教育“十三五”规划教材

ISBN 978-7-5184-2192-3

Ⅰ. ①办… Ⅱ. ①胡… ②翁… Ⅲ. ①办公自动化—应用软件—高等职业教育—教材 Ⅳ. ①TP317. 1

中国版本图书馆 CIP 数据核字（2018）第 012116 号

责任编辑：张文佳　　责任终审：劳国强　　封面设计：锋尚设计
版式设计：砚祥志远　　责任校对：吴大鹏　　责任监印：张　可

出版发行：中国轻工业出版社（北京东长安街 6 号，邮编：100740）
印　　刷：三河市万龙印装有限公司
经　　销：各地新华书店
版　　次：2023 年 1 月第 1 版第 3 次印刷
开　　本：787 × 1092　1/16　印张：10. 5
字　　数：220 千字
书　　号：ISBN 978-7-5184-2192-3　定价：32. 00 元
邮购电话：010 - 65241695
发行电话：010 - 85119835　传真：85113293
网　　址：http：//www. chlip. com. cn
Email：club@ chlip. com. cn
如发现图书残缺请与我社邮购联系调换
221619J2C103ZBW

前言 | PREFACE

随着计算机技术的飞速发展和计算机应用的迅速普及，办公自动化技术在越来越多的领域得到广泛应用，已成为人们提高效率、降低成本、减少时间和能耗的重要手段。随着人类社会进入新时代，办公自动化技术也有了很大的发展。各行各业的人们逐渐把信息和知识作为重要的资源要素，把信息系统作为企业创新、取得竞争优势的有力工具。尤其是许多单位对工作人员的办公处理能力提出了越来越高的要求，学习办公自动化知识，适应信息化发展的需要，已经成为各类专业学生必须具备的基础知识。

为此，越来越多的高校已开始将“办公自动化”课程纳入人才培养课程体系。通过教与学，使学生正确理解办公自动化的概念，领略办公自动化软件的原理和使用方法，重点掌握办公自动化的高级应用，能综合运用办公自动化软件对实际问题进行分析和解决，培养学生应用办公自动化软件处理办公事务、信息采集处理的实际操作能力，以便日后能更好地胜任工作。同时，教育部有关组委会及社会各考证机构也推出了与Office相关的竞赛，如：全国信息技术大赛；PPT创意大赛；校、市、省Office竞赛，还有有关Office的二级考试和全国级别的相关考试等，越来越多的人已经认识到了学会使用计算机、熟练运用办公自动化软件的重要性。

全书包括Windows 10操作系统、Word 2010在办公自动化中的应用、Excel 2010在办公自动化中的应用、PowerPoint 2010在办公自动化中的应用、常见办公设备的使用五个项目。“既方便教师教，也方便学生学”是写作这本书的目标宗旨，全书以案例形式，以“学前准备”介绍知识点与“案例操作”实践知识点的结合，将理论与实践统一。

本书的主要特点如下：

（1）以项目为载体，任务教学与技能活动相结合。教学的主线是工作任务，实训的主线是技能活动。动态演示多媒体教学，包括分析、实验实训，分配合理，内容齐全，特别适合于高职高专全方位教学的要求和特点。

（2）实用性强。本书所涉及的知识和内容，案例取源来自实际工作与生活，在实际应用中广泛使用。熟练掌握本书涉及案例与练习，不仅可以学习理论与方法，而且还可以应用这些解题方法来提高实际办公效率和质量。

（3）注重能力培养。通过本课程的教学，使学生的操作能力、分析问题和解决问题的能力、获取新知识的能力及团结协作的能力得到很好的锻炼与提高。

本书由胡亚萍等编写，他们设计了全书结构与整体内容。本书编写的具体分工如下：项目一由胡亚萍编写；项目二由孙文军编写；项目三由翁业林编写；项目四由张聿曼编写；项目五由费云利编写。全书由胡亚萍统稿。

本书在编写过程中，参考并引用了国内一些秘书、计算机技术、版面设计等方面的著作及有关资料，在此特向有关作者表示感谢。由于作者水平有限，时间仓促，书中难免存在疏漏之处，恳请广大读者批评指正。此外，因为办公软件和硬件更新速度非常快，所以无法让书中的内容得到及时更新，只能在再版时进行修正，敬请谅解。

编者

2018 年 10 月

目录 | CONTENTS

项目一

Windows 系统基本操作

任务一　办公自动化概述

【任务目标】

- 熟悉办公自动化的基本概念、功能

【任务引入】

信息技术的发展推动了整个社会的信息化进程，并改变了传统的办公模式。计算机、打印机、复印机等办公设备的出现，更使得办公室自动化的程度越来越高。办公自动化（office automation，OA），其内涵通常是以电子计算机技术为核心，结合现代通信技术，使部分或全部办公业务活动借助于各种现代设备并由这些设备和办公人员构成一个对文件处理、信息管理和日常事务等进行自动化管理的系统。它的基本任务是利用先进的科学技术，使人们借助各种设备解决对一部分办公业务的处理，达到提高生产率、工作效率和质量，方便管理和决策的目的。

【任务分析】

通过学习本章，学生可以了解 OA 的概念、OA 的特点、功能，从而较全面地了解 OA 系统。

活动 1　认识办公自动化的概念、特点

办公自动化（office automation，OA），一般是指实现办公室内事务性业务的自动化，也广泛包括网络化的大规模信息处理系统。办公自动化并没有统一的定义，凡是通过借助于人以外的各种设备，并由这些设备与办公人员构建成服务于某种目标的人机信息处理系统都属于办公自动化的领域。

办公室事务采用办公自动化技术，改变了手工办公的复杂和低效，实现了信息采集、处理的高速化和全方位化，提高了工作效率，使信息能够更快捷、更高效地实现共享和协同。

办公自动化将现代化办公和计算机网络功能结合在一起。通常办公室的业务，主要是进行大量文件的处理，起草文件、通知、各种业务文本，介绍外来文件存档，查询本部门文件和外来文件，产生文件附件，等等。所以，采用计算机文字处理技术生产各种文档，储存各种文档，采用其他设备，如复印机、打印机、传真机等复制、接受文档，或通过计算机网络技术传递文档，是办公自动化的基本特征。另外，集成化、智能化、

多媒体化及实现电子数据交换也是办公自动化系统的特点。

（1）集成化

办公自动化的应用中涉及计算机软硬件、网络的集成，人与信息系统的集成，信息系统之间的集成，组成了“无缝集成”的开放系统。

（2）智能化

办公自动化面向日常事务处理，辅助人完成智能性工作，如：汉字识别，对公文内容的理解和深层次处理，辅助决策及处理意外等。

（3）多媒体化

办公自动化包括对数字、文字、图像、声音和视频的综合处理。

（4）电子数据交换

通过数据通信网络，在计算机间进行数据交换和自动化处理。

活动2　了解办公自动化的功能

2.1　办公自动化的基本功能

因行业不同，当今社会存在着各式各样的办公室，业务处理流程也千差万别，因此很难找到一个用统一的模式来处理办公事务的自动化系统。不同的系统却存在着一些共同的基本功能。为满足办公业务处理的需要，OA 具有以下功能：文件处理功能、较强的数据处理功能、语音处理功能、图形和图像处理功能、通信功能等。

（1）文件处理功能

包括文字的编辑、排版，对各种资料、文件、档案及书籍、报刊进行登录、保管和检索；处理单份资料、文件夹、抽屉、文件柜；对资料加锁；对不同人群和不同的层次赋予不同的权限；各部门行文无纸化流转、行文自动转入和标引、会议计划、通知、信息的采集功能等。

（2）数据处理功能

方便快捷的数据录入，根据数据快速生成相关图形或表，强大的数据统计功能。

（3）语音处理功能

语音处理技术是计算机应用人工智能技术将人的语音自动转换为文字和指令，使计算机具备听觉功能的技术方法。OA 里语音处理功能主要包括以下两个部分：

1）语音合成。

语音合成技术是计算机模仿人的语音生成过程，使计算机控制音响设备合成人工语音。

2）语音识别。

语音识别技术可以通过发音方式，发音时的孤立词、连接词或自然语言的连续语音等对语音进行识别，其可识别字符的范围分为大、中、小不同类型；适用对象分为特定人和非特定人系统。

（4）图形和图像处理功能

图形和图像的输入功能是处理功能的基础——图形和图像输入的方式有很多种。最常见的图形输入方式有：鼠标、数字化图形板、扫描仪等。常见的图像输入方式有：扫描仪、数码相机等。

图形和图像的存储和编辑——图形和图像的存储是把经过设备输入的图形或者图像存储到计算机的特殊位置，存储到计算机后就可以对图形或者图像进行编辑，编辑包括图像大小的剪裁、色调的调整、格式的转化等。

图形和图像的输出功能：把图形或者图像在计算机中经过一系列的处理，需要对它们进行输出到终端，常见图形或图像的输出方式有打印机等。

（5）通信功能

信息的传递与联通在办公活动中占有很大的比重。可以综合电话、传真、普通邮政及数据处理的多重优势，快速完成办公室所需要的信息交互。通信功能主要包括即时提醒、远程通信、远程监控等功能。

2.2　办公自动化的关键技术

办公自动化的支撑技术有：计算机技术、通信技术、自动化技术。从物化的角度看就是 OA 的硬件和软件。

OA 的硬件系统包括计算机、计算机网络、通信线路和终端设备。其中计算机是 OA 的主要设备，因为人员的业务操作都依赖于计算机。计算机网络和通信设备是企业内部信息共享、交流、传递的媒介，它使得系统连接成了一个整体。终端设备专门负责信息的采集和发送，承担了系统与外界联系的任务，如打字机、显示器、绘图仪等。OA 的软件系统包括系统支撑软件、OA 通用软件和 OA 专用软件。其中系统支撑软件是维护计算机运行和管理计算机资源的软件，如 Windows、Unix 等。OA 通用软件是指可以商品化、大众化的办公应用软件，如 Office、WPS 等。OA 专用软件是指面向特定单位、部门，有针对性地开发的办公应用软件，如政府、事业机关的文件处理、会议安排，公司企业的财务报表、市场分析等。

任务二　熟悉 Windows 系统基本操作

【任务目标】

- 了解 Windows 桌面和窗口界面
- 熟悉文件及文件夹的基本操作
- 熟悉控制面板的基本操作

【任务引入】

Microsoft Windows 是美国微软公司研发的一套操作系统，经过不断地更新升级，不但易用，也慢慢地成为家家户户人们最喜爱的操作系统。它的最大特点是窗口化的操作系统，把一系列复杂的程序变为图形化操作模式，比起从前的指令操作系统如 DOS 更为人性化。系统版本从最初的 Windows 1.0 到大家熟知的 Windows 95、Windows 98、Windows ME、Windows 2000、Windows 2003、Windows XP、Windows Vista、Windows 7、Windows 8、Windows 10 和 Windows Server 服务器企业级操作系统。

【任务分析】

对 Windows 系统有基本的了解，尤其是掌握基本的操作知识，对后续课程的学习有很大的帮助，本任务介绍 Windows 系统中的桌面、文件、文件夹和控制面板等对象的基本操作。

活动 1　了解桌面及基本操作

“桌面”就是启动计算机登录到系统后看到的整个屏幕界面，人机交流的窗口，上面可以存放经常用到的应用程序和文件夹图标。桌面是 Windows 的屏幕工作区，应用程序（窗口）是 Windows 的基本操作对象，Windows 中的所有应用程序都是以桌面图标的形式出现的，通过鼠标在桌面上的操作可以处理复杂任务。

1.1　Windows 桌面

（1）Windows 桌面组成

Windows 是可视化的“视窗”操作系统，以经典的 Windows 10 为例，默认窗口由任务栏和桌面图标组成，如图 1－1 所示。

任务栏由“开始”菜单、搜索栏（输入文件名、应用程序名或其他内容，能够迅速获得本地和网络搜索结果）和语音助手 Cortana（Windows 10 独有的，可以进行语音搜索）、任务视窗按钮（点击它就能看到所有的活动窗口，即使某些窗口被最小化也能看见）、正在运行的程序和右下角的托盘图标（可以查看通知和进行简单的控制操作）组成。桌面图标是各个应用程序的快捷方式，通常桌面图标分为 2 种：默认图标和快捷方式图标。默认的桌面图标有“我的文档”“我的电脑”“网上邻居”“回收站”和“Internet Explorer”图标。快捷方式图标通常是在电脑上安装其他应用程序时安装的相应程序的快捷方式图标或建立文档时生成的文档图标，双击不同的图标即可启动相应的

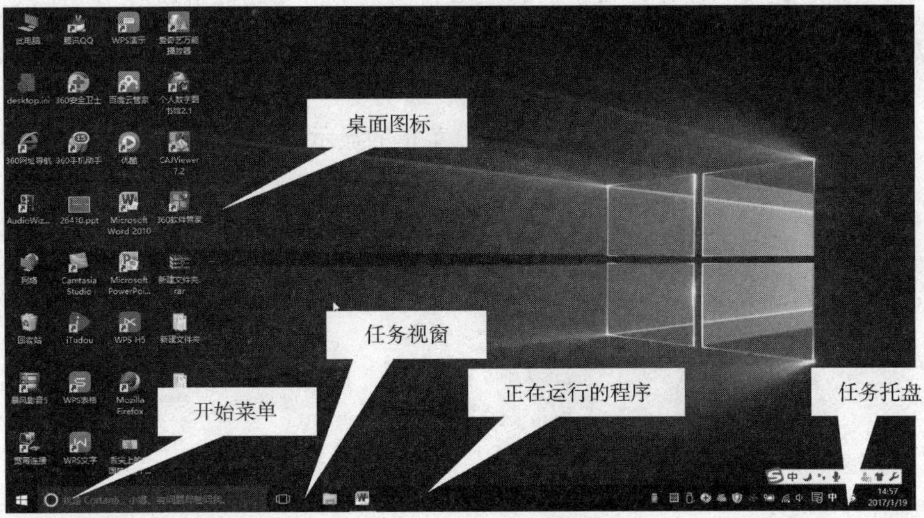

图 1-1 Windows 10 桌面

应用程序或打开文件。

(2) 桌面的基本操作

1) 桌面设置。

当我们启动计算机之后，进入系统看到计算机的第一画面就是电脑桌面图片。一般默认的桌面图片是电脑本身的一张绿色图片，而通常我们会设置自己认为好看的背景图片或主题画面桌面，以 Windows 10 为例，设置桌面背景或主题的操作步骤如下：

用鼠标右键单击桌面的空白处，在弹出的菜单上选择“个性化”选项，即可弹出“设置”窗口，如图 1-2 所示。

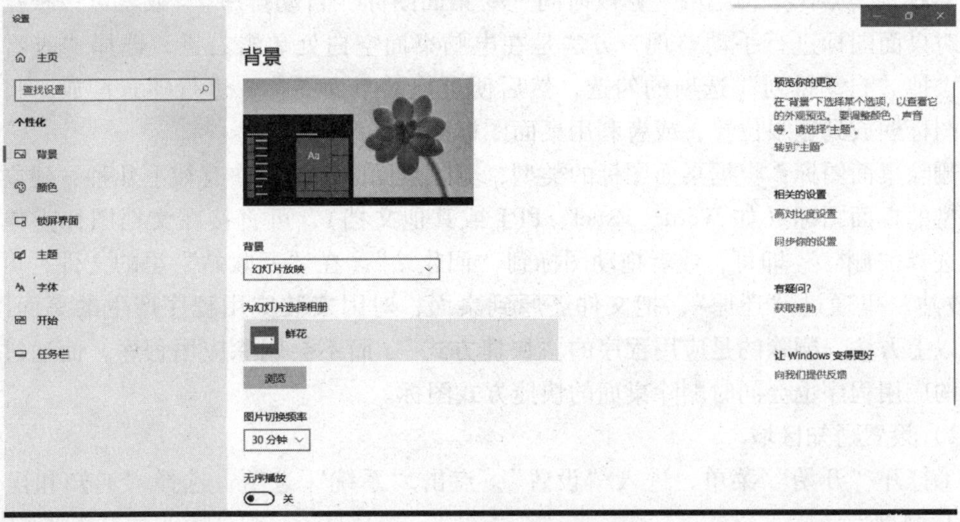

图 1-2 个性化设置窗口

点击“主题”标签，切换到“主题”设置界面，点击“主题设置”，如图1-3所示，可以选择使用默认的主题或选择联网获得新的主题，选择的主题中包括桌面背景显示图片、任务栏、开始菜单、标题栏等的颜色、透明度、Windows和程序事件中的声音等设置。在“开始”标签中开始设置“开始”菜单的显示内容。

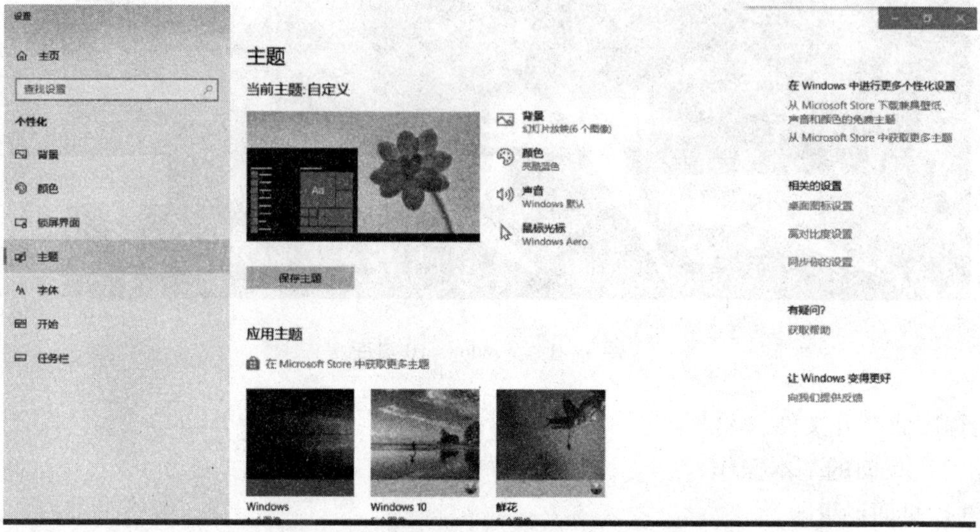

图1-3 主题设置

选择相应的选项，可以对桌面的背景、颜色、锁屏界面进行设置。

为了使用方便和使桌面图标变得齐整、清爽，通常会对桌面图标进行整理，如排列或删除图标。

排列桌面图标：在电脑桌面空白处单击右键，选择“排列方式”选项，可以选择按“名称”“大小”“类型”“修改时间”对桌面图标“自动排序”。或者可以根据使用习惯对桌面图标进行手动整理，方法是在电脑桌面空白处单击右键，选择“查看”选项，去掉“自动排列”选项的勾选，然后便可拖动桌面图标，进行随意摆放，将常用软件图标摆放到显眼位置，或者利用桌面图标摆出各种造型。

删除桌面图标：根据桌面图标的类型，删除桌面图标的方法有如下几种：建立的文档类型的桌面图标（如Word、Excel、PPT或其他文档），可直接在文档图标上单击右键，选择“删除”即可，或者拖动图标到“回收站”。在“回收站”里的文件，可以在“回收站”里通过“还原”，把文件还原到桌面；对因安装应用程序产生的桌面图标，采用以上方法，删除的是应用程序的“快捷方式”，而不会删除应用程序，而通过删除安装的应用程序也会同时删除桌面的快捷方式图标。

2）设置通知区域。

①打开“开始”菜单，进入“设置”，点击“系统”选项，选择“通知和操作”，如图1-4所示；

②选择“在任务栏上显示哪些图标”，如图1-5所示；

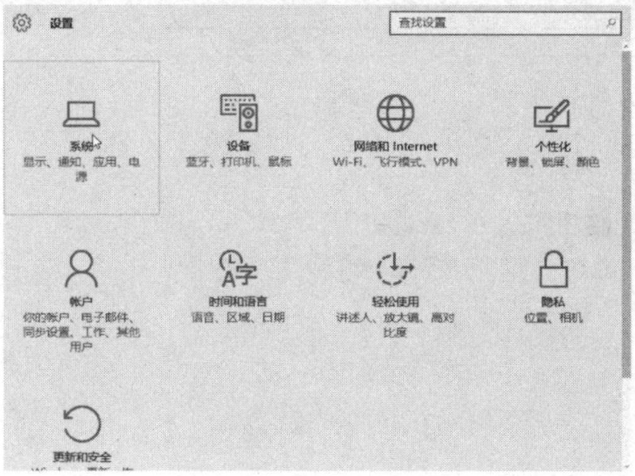

图 1－4　系统设置页面

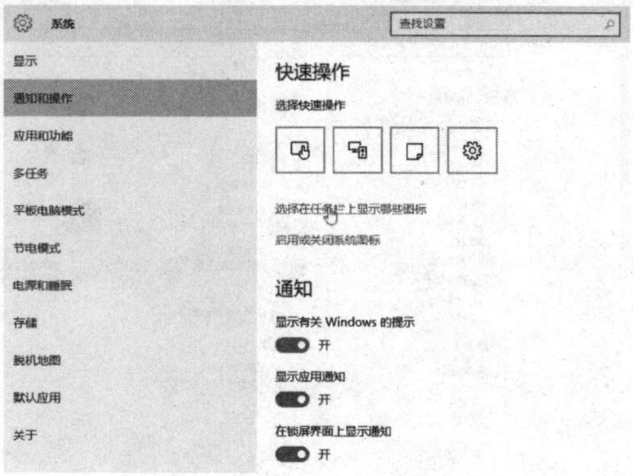

图 1－5　通知和操作设置

③控制显示的应用图标“开关”，通知栏中需要显示的程序选择“开”，不需要显示的选择“关”，设置成功后，任务栏显示应用图标，如图 1－6 所示。

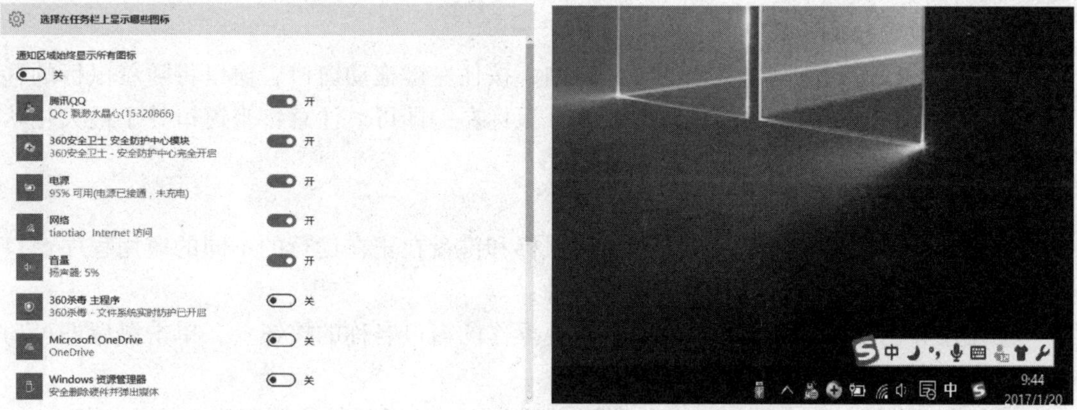

图 1－6　设置通知区域图标及显示效果

1.2　窗口的操作

在桌面上双击某个应用的图标，即可打开相应的程序或者文件，并在桌面上出现相应的应用程序的操作窗口界面。Windows 系统中各程序功能不尽相同，但是其窗口界面的显示通常是相似的。窗口通常由菜单栏、标准按钮栏、地址栏和常用任务栏组成，如图 1－7 所示。

Windows 中各应用窗口的操作方法基本相同。

（1）改变窗口的大小

使用窗口右上角的按钮 —　□　× 可以进行最大化、最小化、还原和关闭窗口等操作。将鼠标指针指向窗口的边框或顶角，当指针变成双箭头时，按住鼠标左键

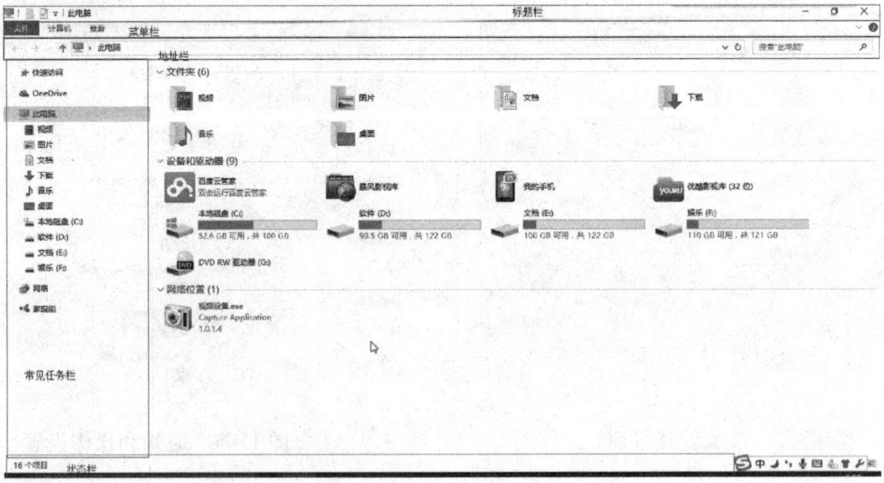

图 1－7　Windows 10 窗口

拖动，窗口的大小即可随着鼠标的拖动而改变，当窗口调整到合适大小时，松开鼠标左键即可。

（2）移动窗口的位置

将鼠标指针指到窗口最上面的标题栏内，按住左键拖动窗口，窗口将随着鼠标的移动而移动，直到拖动到合适的位置时，松开鼠标左键即可。注意：当窗口处于最大化状态时，不能移动窗口。

（3）切换窗口

如果同时打开了多个窗口，可以使用鼠标和键盘在正在运行的不同的应用程序窗口之间进行切换。切换窗口的方法有下面三种：

①在任务栏中，将鼠标指针移动到想要操作的窗口名称的按钮上，单击鼠标即可切换到该窗口。

②按下“ALT + TAB”组合键，即可在所有的正在运行的应用程序中进行切换。

③点击任务栏里的“任务视窗”按钮，在其中显示所有的已经打开的应用程序窗口，点击想要操作的窗口，单击鼠标即可切换到该窗口。

（4）排列窗口

Windows 提供了层叠窗口、堆叠显示和并排显示三种窗口排列方式。层叠窗口将当前所有打开的窗口层叠到一起，使每个窗口的标题栏可见；堆叠显示将当前打开的所有工作窗口横向铺满整个屏幕；并排显示使当前打开的所有工作窗口纵向铺满整个屏幕。不同的窗口排列方式的切换可以通过如下步骤完成：右键单击任务栏的空白区域，在弹出的快捷菜单中选择“层叠窗口”“堆叠显示”或“并排显示”命令，即可使窗口呈现不同的排列方式，如图 1－8 所示。

要查看某个文件，点击该文件的最大化按钮“▭”即可把文件恢复到最大化。

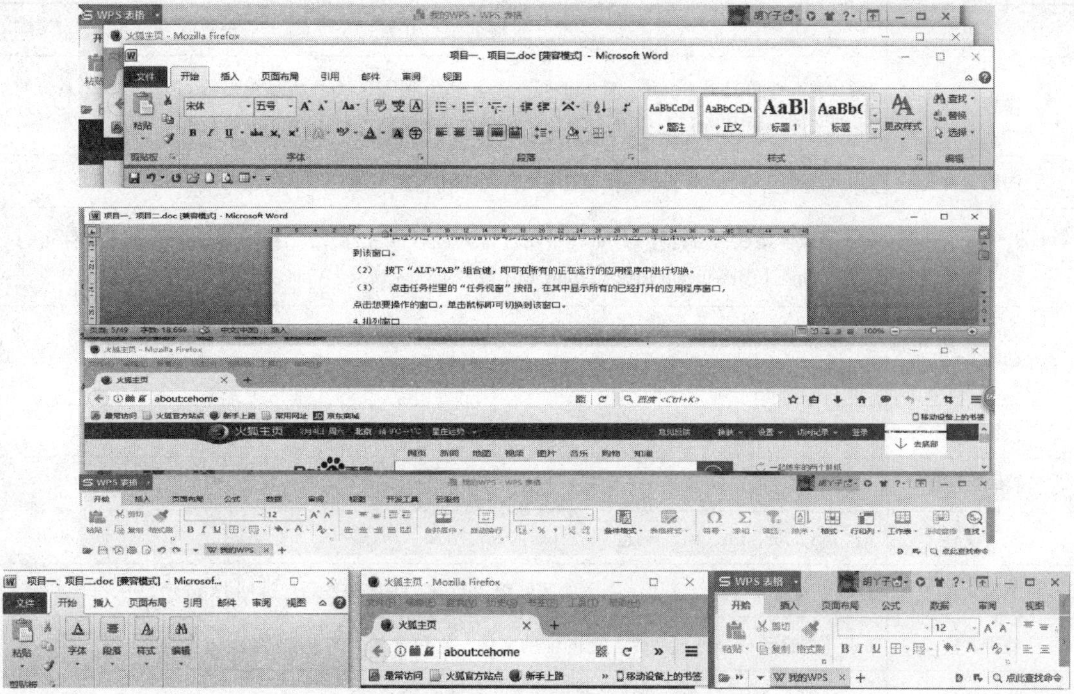

图 1－8　层叠窗口、堆叠显示和并排显示

活动 2　文件及文件夹的操作

在电脑中，文件是具有某种相关信息的集合，它可以是一个应用程序，如字处理程序、图像处理程序等，也可以是一段文字，如信函、备忘录等，或者是应用程序产生的数据等。为了区分不同类型的文件，每个文件都有一个标识，称之为文件名，由主文件名 + 扩展名构成。主文件名用于区分不同文件的主要特性和内容；扩展名用于表示文件的类型，由文件创建的应用程序产生。两者之间用“.”隔开。

扩展应用

文件根据其作用或创建的应用程序的不同，可分为不同类型，常见的文件类型及扩展名如表 1－1 所示。

表 1－1　常用文件类型及扩展名

文件类型	扩展名及打开方式
文档文件	txt（所有文字处理软件或编辑器都可打开）、doc（Word 及 Wps 等软件可打开）、hlp（Adobe acrobat reader 可打开）、wps（Wps 软件可打开）、rtf（Word 及 Wps 等软件可打开）、html（各种浏览器可打开、用写字板打开可查看其源代码）、pdf（Adobe acrobat reader 和各种电子阅读软件可打开）

续表

文件类型	扩展名及打开方式
压缩文件	rar（Winrar 可打开）、zip（Winzip 可打开）、arj（用 Arj 解压缩后可打开）、gz（Unix 系统的压缩文件，用 Winzip 可打开）、z（Unix 系统的压缩文件，用 winzip 可打开）
图形文件	bmp、gif、jpg、pic、png、tif（这些文件类型用常用图像处理软件可打开）
声音文件	wav（媒体播放器可打开）、aif（常用声音处理软件可打开）、au（常用声音处理软件可打开）、mp3（由 Winamp 播放）、ram（由 Realplayer 播放）、wma、mmf、amr、aac、flac
动画文件	avi（常用动画处理软件可播放）、mpg（由 Vmpeg 播放）、mov（由 Activemovie 播放）、swf（用 Flash 自带的 players 程序可播放）
系统文件	int、sys、dll、adt
可执行文件	exe、com
语言文件	c、asm、for、lib、lst、msg、obj、pas、wki、bas
映像文件	map（其每一行都定义了一个图像区域以及当该区域被触发后应返回的 url 信息）
备份文件	bak（被自动或是通过命令创建的辅助文件，它包含某个文件的最近一个版本）
临时文件	tmp（Word、Excel 等软件在操作时会产生此类文件）
模板文件	dot（通过 Word 模板可以简化一些常用格式文档的创建工作）
批处理文件	bat（在 MS－DOS 中，bat 文件是可执行文件，由一系列命令构成，其中可以包含对其他程序的调用）

在 Windows 系统中文件可以显示为“主文件名．扩展文件名”，也可以隐藏扩展文件名而只显示主文件名，可通过以下操作设置文件名的显示方式：打开“资源管理器”，切换到“查看”选项卡，在“显示/隐藏”组中，勾选或取消勾选“文件扩展名”即可显示或隐藏文件的扩展名，如图 1－9 所示。

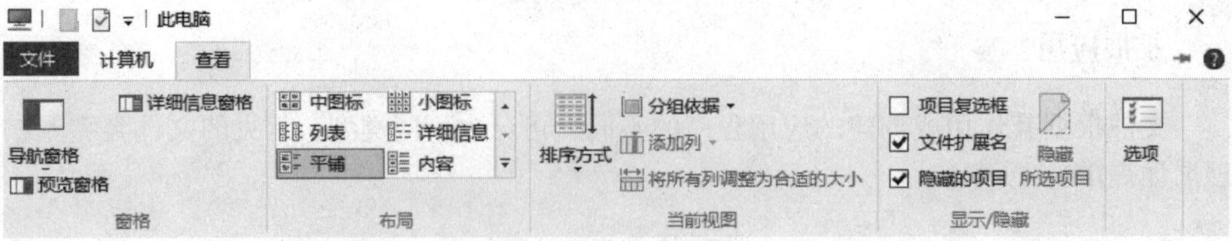

图 1－9　扩展文件名的显示与隐藏

文件夹用于将类型或某些特性相同的文件存放在一起，便于查找和管理。Windows 中文件夹主要有系统文件夹（系统创建）和用户文件夹（用户创建）两类。文件夹中可以存放文件和子文件夹，但是不允许有名称（主文件名．扩展文件名）相同的文件或文件夹。

Windows 中对文件和文件夹的操作通常都可以在“我的电脑”和“资源管理器”窗口中实现。

（1）创建文件及文件夹

可以在“桌面”或“我的电脑”下通过以下操作步骤创建文件或文件夹：在窗口的空白区域单击鼠标右键，在弹出的快捷菜单中选择“新建”，单击“文件夹”或相应文件类型即可创建一个新文件夹或一个文件，新创建的文件或文件夹默认命名为“新建文件夹”或新建类型文件。

（2）文件或文件夹命名

选中需要命名的文件或文件夹，单击鼠标右键，并在弹出的快捷菜单中选择单击“重命名”命令（或者选中需要命名的文件或文件夹后，再单击一次文件或文件夹），文件或文件夹的名称栏变为可编辑框，输入相应的名称，最后按“Enter”键即可将选中的文件或文件夹的名称设置为刚输入的名称。

文件及文件夹的命名有些规则需要注意，如名称不能过长，最多可使用 255 个英文字符，如果使用中文字符则不能超过 127 个汉字，而且最好根据文件或文件夹的内容或用途命名；原则上利用键盘输入的英文字母、符号、空格、中文等均可以作为合法字符，但由于以下字符（如“/”“?”“:”“*”“"”“<”“>”“|”等）由系统保留它用，因此不能用在文件命名中；如果使用英文文件名，则大小写不做区分，但系统可显示用户输入的大小写字符。

此外，文件的命名与文件夹有所不同，每个文件的命名格式是“文件名.扩展名”，前半部分是文件的正式文件名，后半部分是文件的属性标记，也就是我们常说的扩展名，它决定文件的类型，扩展名通常是由 3～4 个英文字母组成。如 Word 文件的扩展名是 doc，MP3 的扩展名是 mp3，一些图像文件的扩展名是 jpg 等。

（3）复制文件或文件夹

可以用以下方法复制文件和文件夹：①右键单击要复制的文件或文件夹，从弹出的快捷菜单中选择“复制”命令，然后切换到目标窗口，并右键单击空白处，在弹出的快捷菜单中选择“粘贴”命令即可；②按住“Ctrl”键不放，用鼠标将文件或文件夹拖动到目标窗口即可；③选定要复制的文件或文件夹，按下“Ctrl + C”组合键，切换到目标窗口，按下“Ctrl + V”组合键即可。

【思考】还有没有其他路径可以复制文件或文件夹？

（4）删除文件或文件夹

当一个文件或文件夹不需要时可以将其删除，以释放磁盘空间，删除文件或文件夹有多种不同的方式：选中将要删除的文件或者文件夹：①按下键盘上的“Delete”键，即可将其放入“回收站”；②右键单击鼠标，在弹出的快捷菜单中选择“删除”命令即可将其放入“回收站”；③把文件或文件夹直接拖入“回收站”。放入回收站中的文件或文件夹，可以在回收站中通过“还原”命令，还原到原来文件存放的路径。通过“清空”回收站，可以使被放在“回收站”中的文件删除。若要将文件或文件夹从磁盘中彻底删除，选定文件或文件夹后，按住“Shift + Delete”组合键，即可直接从磁盘中删除，而不是送入“回收站”。

（5）查看文件及文件夹的属性

文件或文件夹属性记录了文件的占用空间、位置、创建时间等，如图 1－10 所示。查看文件或文件夹属性的方式有：选中要查看属性的文件或文件夹，右键单击，从弹出菜单中选择“属性”，这样就可以看到被选择文件的详细信息了。

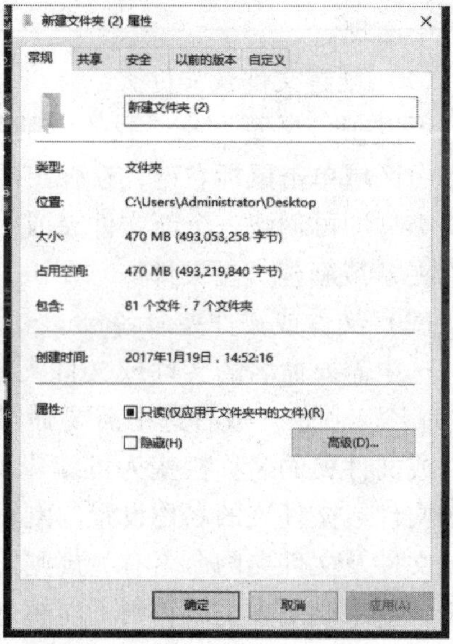

图 1－10　文件夹属性

（6）搜索文件及文件夹

在工作中用电脑时间久了，我们会存放很多很多的文件资料。当时间久了我们不知道把这个文件存在电脑的哪个盘里了，可以使用 Windows 系统提供的搜索功能来快速查找文件或文件夹。操作步骤如下：

①打开资源管理器，在资源管理器的右上角就是搜索框，我们可以在这里搜索文件，如图 1－11 所示。

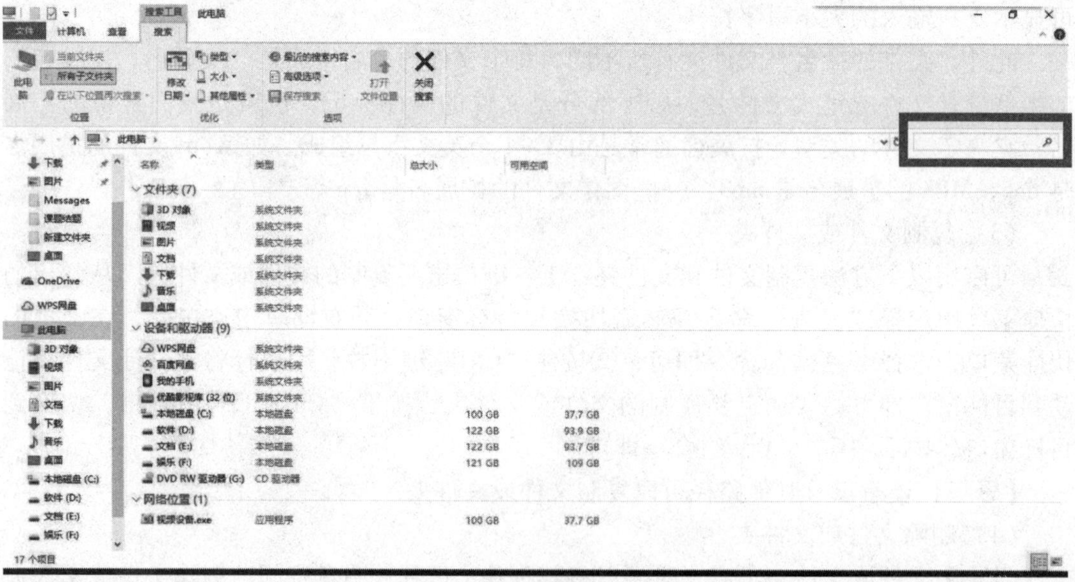

图 1－11　资源管理器搜索框

Windows 2010 中对资源管理器进行了重新打造，全新的资源管理器现在能够显示用户最近访问及经常访问的文件和文件夹，使用户能更加轻松地查找到工作所需的资料。

②在“要搜索的文件或文件夹名为”文本框中输入要搜索的文本“报告”，在搜索范围一栏中填入“此电脑”，然后单击搜索进行文件的查找。

③搜索到的相应的结果会出现在右侧窗格的下方，如图 1－12 所示。用户可以在“搜索选项”区域中通过对文件的修改日期，大小等信息进行设置，得到更精准的文件位置，如图 1－13 所示。

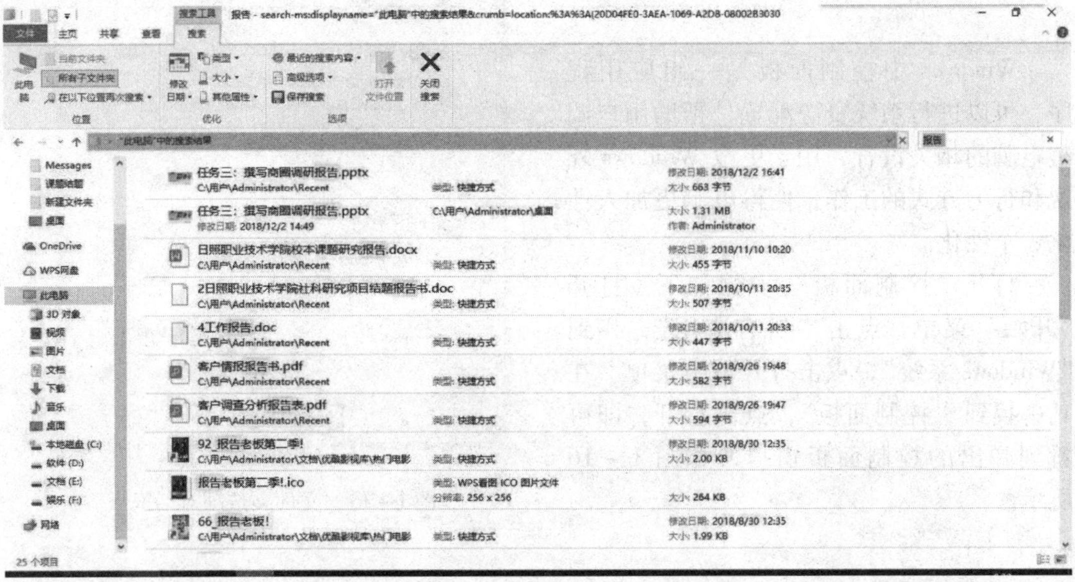

图 1－12　资源管理器搜索文件

图 1－13　搜索选项

（7）设置文件夹选项

文件夹选项是“资源管理器”中的一个重要菜单项，通过它我们可以修改文件的查看方式，编辑文件的打开方式等。设置文件夹选项的操作步骤如下：

①单击打开窗口菜单栏的“查看”选项卡，出现如图 1－14 所示的拓展菜单，菜单中也可以设置文件的显示、排序等。

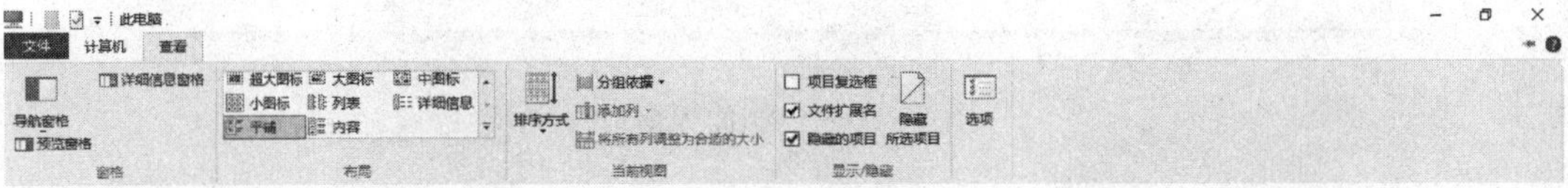

图 1－14　查看菜单

②单击打开“查看”菜单里最右边的“选项”按钮，即可打开“文件夹选项”对话框，如图 1－15 所示。

③设置文件的查看方式，编辑文件的打开方式等。

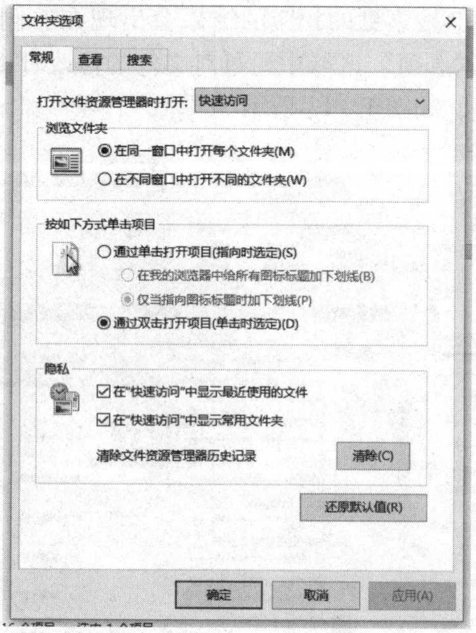

图 1－15　文件夹选项对话框

活动 3　控制面板的操作

Windows 中控制面板是一组应用程序，可以进行系统资源配置，帮助用户调整电脑的相关设置，用于更改 Windows 外观和行为方式的工作，使得电脑更加人性化、个性化。

打开“控制面板”步骤如下：打开“开始”菜单，点击“所有应用”，找到“Windows 系统”，点击打开下级菜单，在其中找到“控制面板”，点击打开，即可看到弹出的控制面板窗口，如图 1－16 所示。

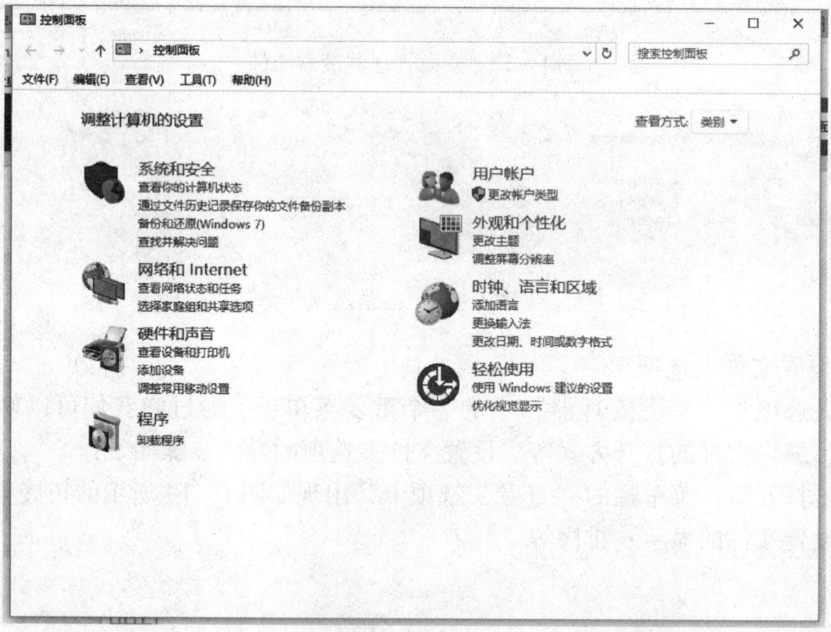

图 1－16　控制面板窗口

系统和安全：用于查看并更改系统和安全的状态，备份并还原文件和系统设置，更新计算机，查看 RAM 和处理器速度和检查防火墙等。

网络和 Internet：用于检查网络状态并更改设置，设置共享文件和计算机的首选项，配置 Internet 显示和连接等。

硬件和声音：用于添加或删除打印机和其他硬件，更改系统声音，自动播放 CD，节省电源，更新设备驱动程序等。

卸载程序：用于卸载程序或 Windows 功能，卸载小工具，从网络或通过联机获取新程序等。卸载程序的步骤如下：在打开的控制面板窗口，点击左下角的“程序”下面的“卸载程序”，打开“卸载程序”窗口。在卸载程序窗口，找到需要卸载的程序软件，比如 360 安全卫士，在上面点击右键——卸载，单击卸载即可。

时钟、语言和区域：用于对计算机的时间、日期、时区、使用的语言的更改，以及更改货币、日期、时间的现实方式。

实训项目 熟悉 Windows 10 操作系统

【实训目标】

通过安装、设置 Windows 10 系统，熟悉 Windows 10 系统的基本功能，熟悉系统桌面、文件的操作。

【实训内容】

1. 安装 Windows 10 操作系统
2. 安装网卡、声卡、显卡等驱动程序
3. 设置个性化桌面，设置用户登录账号
4. 通过资源管理器建立一个文件夹并命名，设置文件显示方式

【实训要求】

1. 熟悉 Windows 10 操作系统安装步骤，确保计算机能正常工作
2. 设置个人登录账号，并在个人账号下设置个性化桌面（背景、颜色、开始设置等）
3. 设置文件夹查看方式（设置为不显示扩展文件名、按照文件类型排序）

项目二

文本编辑——Word 2010 的应用

任务一 制作培训通知

【任务目标】

- 熟悉 Word 2010 的基本功能和工作界面布局
- 掌握字体格式的设置
- 掌握段落布局的设置
- 掌握添加编号
- 掌握 Word 表格的基本操作
- 掌握添加底纹

【任务引入】

A 公司近期进行了员工招聘，为了使新员工能更好地了解公司，融入公司，以及更加清楚公司的规章制度，企业概况和企业文化，增强新员工的工作信心和工作意识，使其尽快地投入到工作中，公司领导决定展开一次员工培训。人力资源部门负责培训方案的制定。首先，要通过文件通知相关人员。

【任务分析】

本任务中通过制作一份培训通知介绍 Word 2010 文字编辑的常用操作。通过本任务的学习，可以熟悉 Word 2010 的窗口和 Word 文档中文字编辑和文档的美化。

本任务中要求的文体属于公文的一种，我国《国家行政机关公文格式》国家标准 GB/T 9704—2012 规定了党政机关公文通用的纸张要求、排版和印刷装订要求、公文格式各要素和编排规则，并给出了公文的式样。作为企业公文设计和撰写可参考以上标准。

范例如图 2－1 所示。

要求如下：

1. 通知中需包含以下内容：培训时间、培训地点、培训要求、培训内容

2. 任务中需要对页面进行设置：纸张大小：A4，方向纵向；页边距：上：3.8 厘米，下：3.5 厘米，左：2.8 厘米，右：2.6 厘米；每面排 22 行，每行排 28 个字［引自《党政机关公文格式》国家标准（GB/T 9704—2012）］

3. 对文字和段落进行设置，如图 2－2 所示；正文段落设置（段前：0，段后：0，行间距：单倍行距，首行缩进：2 字符）

4. 任务中需要插入表格，进行适当的添加合并，并设置边框和底纹，根据窗口调整表格，对齐方式：水平居中

5. 任务中需要使用项目符号和编号并调整缩进位置

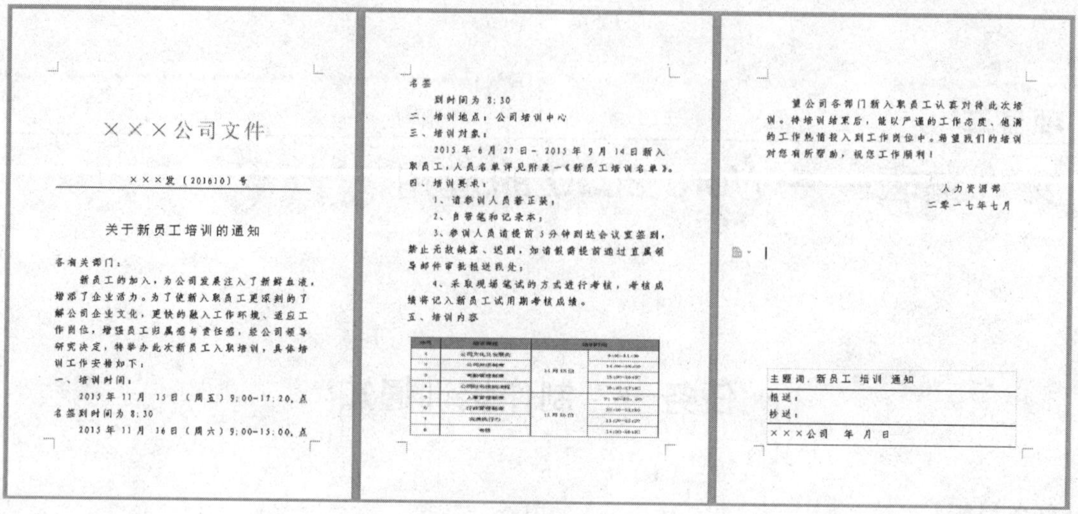

×××公司文件

×××发（201610）号

关于新员工培训的通知

各有关部门：

新员工的加入，为公司发展注入了新鲜血液，增添了企业活力。为了使新入职员工更深刻的了解公司企业文化，更快的融入工作环境、适应工作岗位，增强员工归属感与责任感，经公司领导研究决定，特举办此次新员工入职培训，具体培训工作安排如下：

一、培训时间：

2015年11月15日（周五）9:00-17:20，点名签到时间为8:30

2015年11月16日（周六）9:00-15:00，点名签到时间为8:30

二、培训地点：公司培训中心

三、培训对象：

2015年6月27日－2015年9月14日新入职员工，人员名单详见附表一《新员工培训名单》。

四、培训要求：

1、请参训人员着正装；

2、自带笔和记录本；

3、参训人员请提前5分钟到达会议室签到，禁止无故缺席、迟到，如请假需提前通过直属领导邮件审批报送我处；

4、采取现场笔试的方式进行考核，考核成绩将记入新员工试用期考核成绩。

五、培训内容

望公司各部门新入职员工认真对待此次培训。待培训结束后，能以严谨的工作态度、饱满的工作热情投入到工作岗位中。希望我们的培训对您有所帮助，祝您工作顺利！

人力资源部

二零一七年七月

主题词：新员工 培训 通知

报送：

抄送：

×××公司 年 月 日

图2－1 培训通知范例

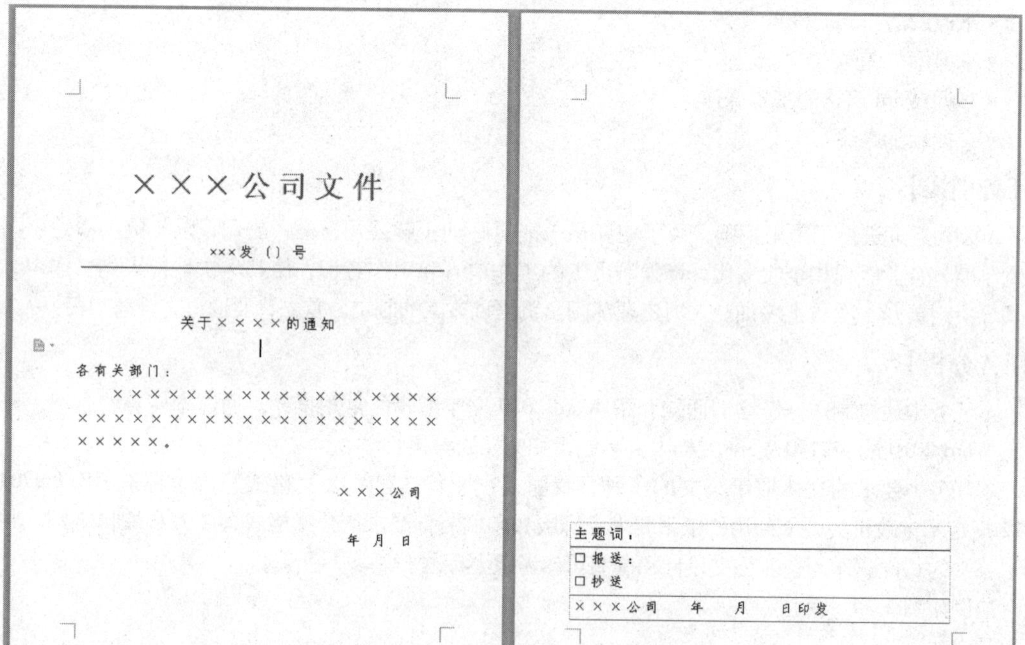

×××公司文件

×××发〔〕号

关于××××的通知

各有关部门：

××。

×××公司

年 月 日

主题词：

报送：

抄送：

×××公司 年 月 日印发

图2－2 文件和段落格式要求

活动1 熟悉Word 2010工作界面

安装完Office 2010（中文版）后，就可以启动Word 2010，进行文档的创建和保存，对文档中的文字、图片和其他内容进行设置和操作。

双击桌面上的 Word 图标，或者选择“开始——所有程序——Microsoft Office——Microsoft Office Word 2010”命令，即可打开 Word 2010 工作界面，如图 2－3 所示。

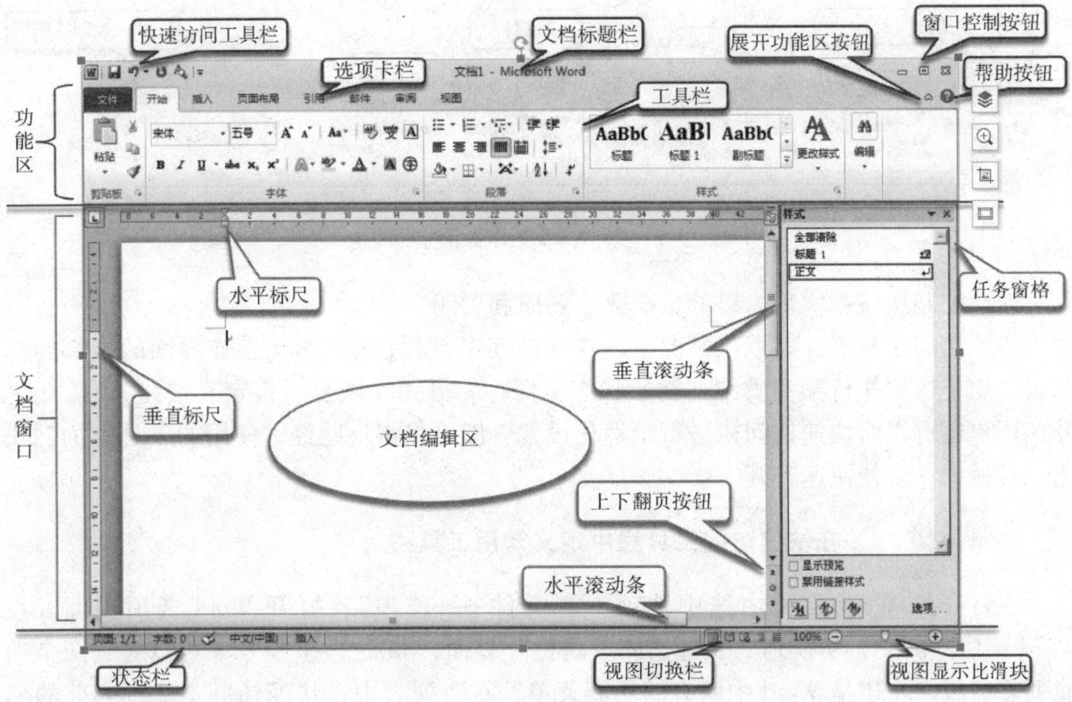

图 2－3　Word 2010 窗口

为方便记忆，可把 Word 2010 的工作界面组成划分为上、中、下三层结构，如表 2－1 所示。

表 2－1　　Word 2010 工作界面构成

上层	标题区：快速访问工具栏、文档标题栏、窗口控制按钮
	功能区：选项卡栏（包括：8 个选项卡）和工具栏（包括：若干组）
中层	文档窗口：标尺、滚动条、文档编辑区
	任务窗格：剪贴板任务窗格、样式任务窗格、导航窗格等
下层	视图栏：视图切换栏和视图显示比例滑块
	状态栏

1.1　Word 2010 工作界面的上层功能介绍

Word 2010 工作界面如图 2－4 所示。

（1）标题区

标题栏位于工作界面的最上方，用来显示文档标题、实现界面控制和快速访问。其中文档标题功能为显示本界面所编辑文档的文件名（文件名 = 主文件名 + 扩展文件名）

和应用程序名（即 Microsoft Word），如：新建文档依次自动命名为：文档 1 - Microsoft Word、文档 2 - Microsoft Word、…

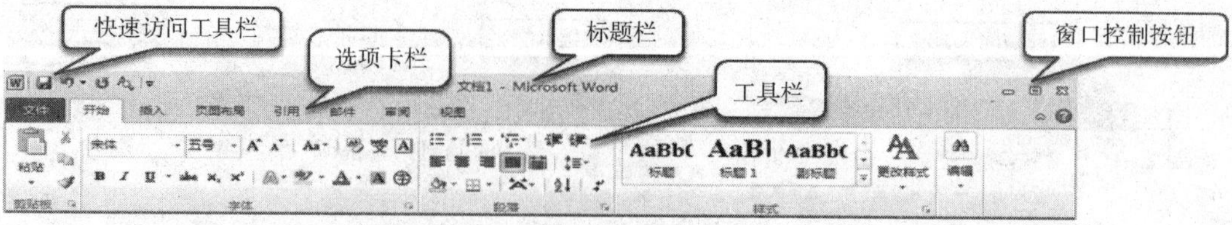

图 2-4　Word 工作界面上层

窗口控制按钮：实现窗口的最小化、还原和关闭。

快速访问工具栏：在默认情况下，快速访问工具栏位于 Word 工作界面的顶部的标题区，用于快捷执行某些操作（初始状态：保存、撤销、恢复、自定义按钮）。除此之外，用户还可以对快速访问栏进行个性化设置，即可以将一些经常使用的工具添加到快速工具栏中，以便快速打开。

扩展应用 **在快速访问工具栏中定义常用工具**

在打开的 Word 文件中选中选项卡"文件——选项"，打开 Word 选项界面，在 Word 选项界面中，切换到"快速访问工具栏"界面，如图 2-6 所示。可以看到两个功能列表区域，左边是 Word 中所有的功能菜单，右边列表中是快速访问工具栏当前的功能菜单。

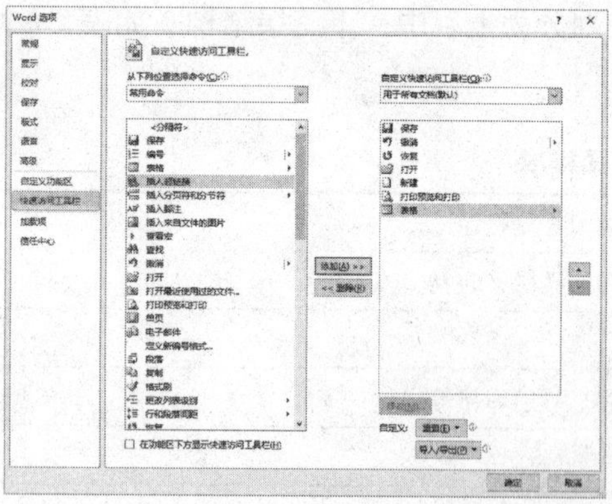

图 2-5　Word 2010 文件功能选项卡

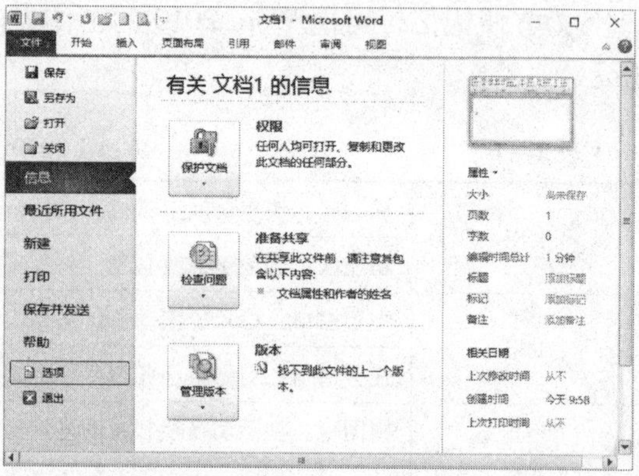

图 2-6　Word 选项"自定义快速访问"

从左边列表中选择要添加的工具（如"表格"），点击"添加"按钮，所选择的命令就会出现在右边的快速访问菜单中，单击"确定"按钮。新功能菜单设置后，返回 Word 主界面，可以看到快速访问工具栏中显示了所添加的新功能菜单"表格"，如图 2-7 所示。

删除快速访问工具栏中的某个工具的操作与上面基本相同。

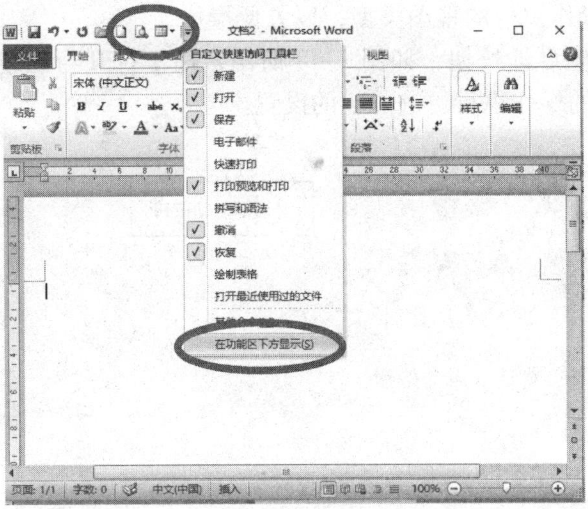

图 2－7　自定义快速访问工具栏

Word 默认是将快速访问工具栏显示在功能区上方，这样当快速工具多了，在顶端操作不是很方便。可以将快速访问工具栏调整到功能区下方显示，操作起来更方便。操作步骤如下：点击快速访问栏右侧的下拉箭头，在弹出的“自定义快速访问栏”菜单中勾选“在功能区下方显示”即可。

（2）功能区

Word 2010 取消了传统的菜单操作方式，而代之于各种功能区。功能区位于标题栏的下方，是一个由 8 个功能选项卡（开始、插入、页面布局、引用、邮件、审阅、视图）组成的区域，当单击这些名称时并不会打开菜单，而是切换到与之相对应的功能区面板，单击不同的选项卡标签，可切换功能区中显示的工具命令。与 Word 2007 一样，Word 2010 将所有命令组织在不同的选项卡中。在每一个选项卡中，常用的命令又被分类放置在不同的工具组中。每个功能区所拥有的功能如下所述：

“开始”功能区：“开始”功能区中包括剪贴板、字体、段落、样式和编辑五个组，对应 Word 2003 的“编辑”和“段落”菜单部分命令。该功能区主要用于对 Word 文档进行文字编辑和格式设置，是最常用的功能区。

“插入”功能区：“插入”功能区包括页、表格、插图、链接、页眉和页脚、文本、符号和特殊符号几个组，对应 Word 2003 中“插入”菜单的部分命令，主要用于在 Word 文档中插入各种元素。

“页面布局”功能区：“页面布局”功能区包括主题、页面设置、稿纸、页面背景、段落、排列几个组，对应 Word 2003 的“页面设置”菜单命令和“段落”菜单中的部分命令，用于帮助设置 Word 文档的页面样式。

“引用”功能区：“引用”功能区包括目录、脚注、引文与书目、题注、索引和引文目录几个组，用于实现在 Word 文档中插入目录等比较高级的功能。

“邮件”功能区：“邮件”功能区包括创建、开始邮件合并、编写和插入域、预览结果和完成几个组，该功能区的作用比较专一，专门用于在 Word 文档中进行邮件合并方面的操作。

“审阅”功能区：“审阅”功能区包括校对、中文简繁转换、批注、修订、更改、比较和保护几个组，主要用于对 Word 文档进行校对和修订等操作，适用于多人协作处理 Word 长文档。

“视图”功能区：“视图”功能区包括文档视图、显示/隐藏、显示比例、窗口和宏等几个组，主要用于帮助设置 Word 操作窗口的视图类型，以方便操作。

组的右下角通常都会有一个对话框启动按钮，如图 2-8 所示，用于打开与该组命令相关的对话框，以便用户对要进行的操作进行更进一步的设置。

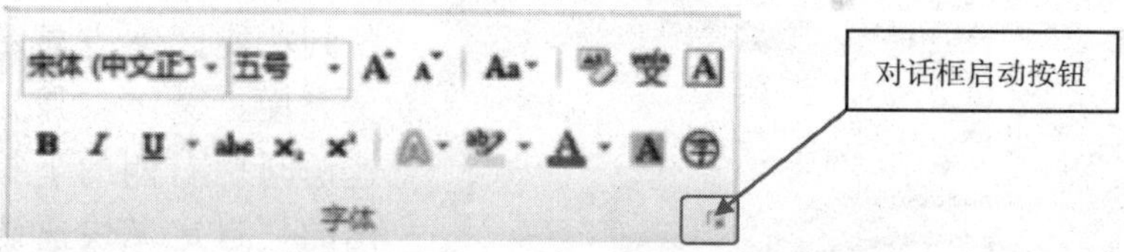

图 2-8　对话框启动按钮

扩展应用

经常使用 Word 的人都会发现，它的功能区/工具栏占据了很大一部分，如果长时间不操作工具栏，只是简单地用来打字，功能区就显得占地太多，那么可以把功能区/工具栏隐藏起来。操作步骤如下：在快速访问工具栏的空白处右击，选择勾选“功能区最小化”即可（或者在工具栏的空白处右击，也是找到“功能区最小化”，勾选即可）。当需要使用工具栏时，点击选项卡就会显示出来。当需要很频繁地操作工具栏而需要再次固定/显示工具栏时，在空白处右击，去掉折叠功能区前面的对钩或者双击开始菜单即可。

此外，Word 中功能区工具组中的命令可以根据需要自定义设置，具体操作步骤如下：

①打开“文件”功能选项卡，点击“选项”命令即可打开“Word 选项”对话框，如图 2-9 所示。切换到“自定义功能区”，即可进入自定义功能区选项面板。

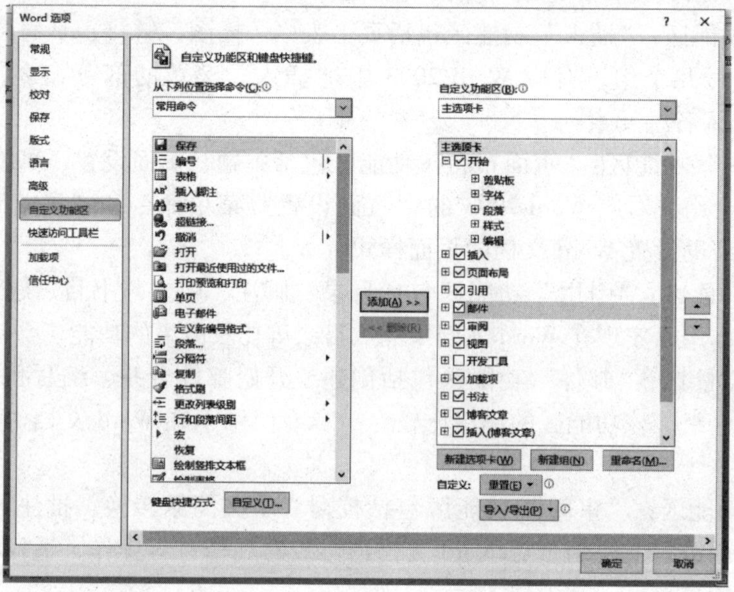

图 2-9　自定义功能区

②单击右侧框底部“新建选项卡”按钮，新选项卡将自动被置于主选项卡位置下，且同时自动创建了新建组，可以为新建的选项卡和新建的组定义一个新名称。

③在左侧框中选择需要添加的命令，然后单击“添加”按钮，即可将该命令添加到自定义选项卡下，单击“确定”按钮。返回文档可以看到已经创建的自定义选项卡。

自定义的功能选项卡和组可以通过自定义功能区操作删除，Word 中预设的功能选项卡不可以删除，每个功能选项卡下的工具组可以通过自定义功能区删除。

1.2　Word 2010 窗口的中层功能介绍

文档编辑区：用户工作的主要区域，用来实现文档的显示和编辑。在这个区域中经常使用到的工具还包括水平标尺，垂直标尺（可在“视图”功能选项卡中显示或隐藏），滚动条。

编辑区是 Word 文档最大也是最重要的部分，所有关于文本编辑的操作都在该区域完成。

编辑区左侧和上侧，分别是垂直和水平标尺，标尺上以度量单位（例如英寸）作为刻度，文本编辑时可以通过移动标尺上的三角形滑块调整页面左右边距、首行、悬挂、整个段落的缩进或者设置制表符的位置等。标尺可以显示也可以隐藏，在“视图”功能选项卡中的“显示”工具组中，选中或取消“标尺”复选框可以显示或隐藏标尺。

扩展应用

在 Word 工作界面，可以在编辑功能区右下角看到一个“标尺切换”的图标“ ”，点击它，可以使 Word 界面显示水平标尺和垂直标尺。再一次点击它，就可以隐藏标尺。点击段落命令框中的“ ”，可以显示诸如空格、制表符操作等的标记，如图 2－10 所示。

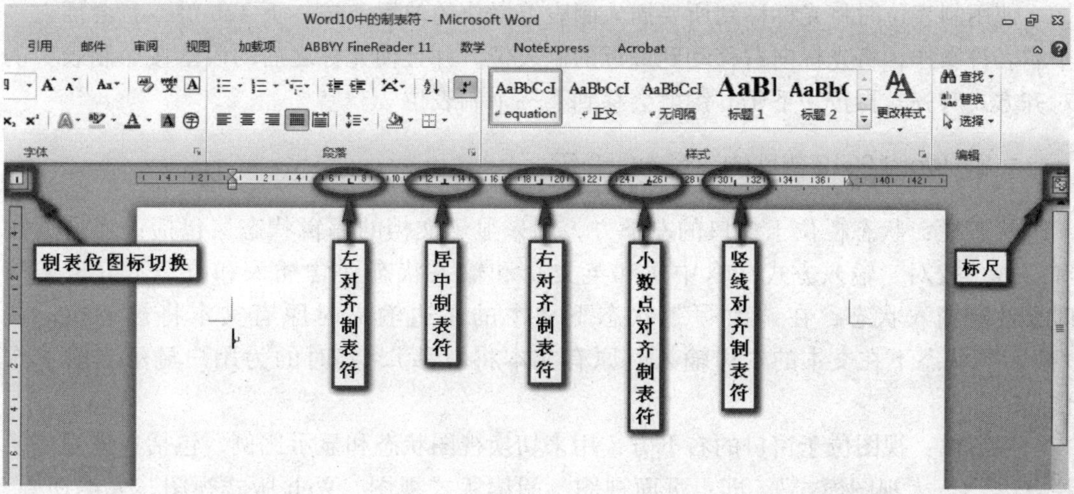

图 2－10　游标尺与制表符

在水平标尺和垂直标尺延长相交的地方可以看到一个图标，它就是“制表符切换”的图标，用鼠标点击它，可以使之在不同类型的制表符之间进行切换。各个不同类型的制表符的功能如表 2－2 所示。

表 2－2　　　　制表符

符号	制表符的类型	功能
	左对齐制表符	Tab 键键入后，后面段落的文字在制表符处左侧对齐
	右对齐制表符	Tab 键键入后，后面段落的文字在制表符处右侧对齐
	居中制表符	Tab 键键入后，后面段落的文字在制表符处居中对齐
	小数点对齐制表符	Tab 键键入后，后面段落的文字在制表符处小数点对齐
	竖线对齐制表符	Tab 键键入后，后面段落的文字在制表符处竖线对齐
	首行缩进制表符	Tab 键键入后，后面段落的文字在制表符处首行缩进
	悬挂缩进制表符	Tab 键键入后，后面段落的文字在制表符处悬挂缩进

所谓的制表位是指制表符在横标尺上的位置。Word 中的制表位分为两种：默认制表位和自定义设置的制表位。默认制表位自标尺左端起自动设置，默认间距为 0.75 厘米，即两个汉字宽。也就是说每隔 0.75 厘米在标尺上存在一个默认制表位，所以顶格的段落段首如果需要设置为空两格，可以直接按 Tab 键即可达到目的。

自定义设置制表符操作步骤如下：点击“制表符切换”图标，切换到所需的制表符上来。然后将鼠标移到“水平标尺”上所需插入制表符的位置上，点击左键，即可插入一个制表符，生成制表位。

使用制表位时将光标移到所要插入制表符操作的位置，按一下 Tab 键，就会插入一个制表符操作，将光标向右移动到最近的制表位，并且使光标之后的段落按照制表符的对齐方式对齐。再按一下 Tab 键就会移到下一个制表位。

1.3　Word 2010 界面的下层功能介绍

状态栏：状态栏位于窗口的左下方，用来显示文档的编辑状态，包括：当前页数和字数、校对、输入方式（含中文和英文）和输入状态（含插入和改写：编辑文档时要注意输入状态，在“改写”状态下文本的左边输入时原有文本将被替换，在“插入”状态下在文本的左边输入时原有文本将右移），实时的为用户显示当前工作信息。

视图栏：视图位于窗口的右下方，用来切换视图状态和显示比例，包括：视图切换栏（含“五大视图模式”，即：页面视图、阅读版式视图、Web 版式视图、大纲视图、草稿视图）和视图显示比滑块，如图 2－11 所示。

扩展应用

在 Word 中，提供了多种视图模式，每种视图都能以不同的方式显示文档，这些视图模式包括“页面视图”“Web 版式视图”“阅读版式视图”“大纲视图”和“草稿视图”五种视图。

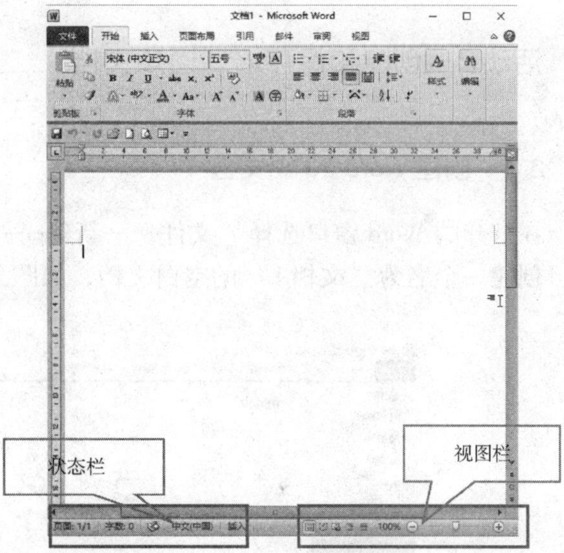

图 2－11 状态栏和视图栏

（1）页面视图

可以显示 Word 文档的打印结果外观，是最接近打印结果的页面视图，所以适用于概览整个文章的总体效果。它可以显示出页面大小、布局，编辑页眉和页脚，查看、调整页边距，处理分栏及图形对象。页面视图是打开新文档时的默认视图。

（2）阅读版式视图

最适合阅读长篇文章。阅读版式将原来的文章编辑区缩小，而文字大小保持不变。如果字数多，它会自动分成多屏。在该视图下同样可以进行文字的编辑工作，但视觉效果好，眼睛不会感到疲劳。要使用“阅读版式视图”，只需在打开的 Word 文档中，点击工具栏上“阅读”按钮，或者按 Alt + R 就可以开始阅读了。阅读版式视图会隐藏除“阅读版式”和“审阅”工具栏以外的所有工具栏，这样的好处是扩大显示区且方便用户进行审阅编辑。

（3）Web 版式视图

可以预览具有网页效果的文本。在这种方式下，因为要与浏览器的效果保持一致，原来换行显示两行的文本，重新排列后在一行中就全部显示出来。使用 Web 版式可快速预览当前文本在浏览器中的显示效果，便于再做进一步的调整。

（4）大纲视图

能查看文档的结构，还可以通过拖动标题来移动、复制和重新组织文本，因此它特别适合编辑那种含有大量章节的长文档，能让文档层次结构清晰明了，并可根据需要进行调整。在查看时可以通过折叠文档来隐藏正文内容而只看主要标题，或者展开文档以查看所有的正文。另外大纲视图中不显示页边距、页眉和页脚、图片和背景。

（5）草稿视图

显示文本格式，但简化了页面布局，在草稿视图中可以键入、编辑和设置文本格式，然而在草稿视图中，不显示页边距、页眉和页脚、背景、图形对象以及没有设置为“嵌入型”环绕方式的图片。正由于该视图功能相对较弱，所以只适合编辑内容、格式简单的文章。

活动2 创建和保存培训通知文档

2.1 创建 Word 2010 文档

在打开的 Word 窗口选择“文件——新建——空白文档”，双击“空白文档”按钮，即可创建一个名为“文档1”的空白文档，如图 2-12 所示。

图 2-12 新建空白文档图

【提示】 在 Word 2010 中，不仅可以创建空白的文档，也可以根据 Word 中自带的模板，创建带有样式的文档，也可自己建立新模板样式。根据这些模板样式，用户可以快速新建各种工作文档。

2.2 保存 Word 2010 文档

新创建的文档必须保存在电脑中，否则退出 Word 2010 后，无法再次打开该文档。在创建的文档窗口，单击“文件”功能选项卡，在弹出的菜单中选择“另存为”命令，即打开“另存为”对话框。在“另存为”对话框，“文件名”文本框中输入“××公司培训通知”，在“保存类型”中选择“Word 文档（*.docx）”，然后选择需要保存的位置，单击“保存”按钮，即可实现文档的保存。

【提示】 保存文件时，或者对文档进行修改，需要再次将其保存，可以单击“快速访问工具栏”的“”进行保存，或者把设置好格式的文档保存为模版，以方便使用。文档保存为模板，只要在保存时，设置保存类型为“Word 模板（*.dotx）”即可。

活动3 编辑和美化培训通知

3.1 页面设置

创建和保存文档后就可以在文档的编辑区输入培训通知的内容。通常，为了更好地查看文档编辑的效果，在编辑文当前，首先要对页面进行设置：鼠标左键点击功能区的“页面布局”选项卡，可以看到页面设置的工具组，包括纸张大小、页边距、纸张方向等，如图2-13所示。

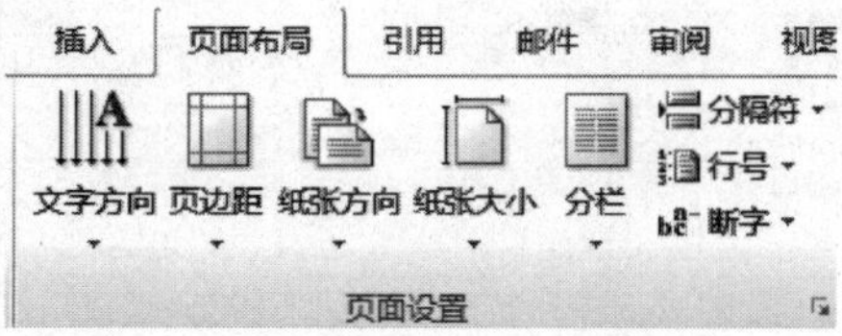

图2-13 页面布局选项卡“页面设置”组

在页面设置工具组中点击“页边距”或下拉按钮在弹出的菜单中选择“自定义边距”（或者点击“页面设置”组中的对话框启动按钮），打开“页面设置”对话框，如图2-14所示。设置页边距为：上：3.7厘米，下：3.5厘米，左：2.8厘米，右：2.6厘米，纸张方向：纵向，纸张：A4（或者直接点击工具组中的相应按钮设置）；选择“文档网格”附签，“字体设置”：“中文字体”设置为“仿宋”，“字号”设置为“三号”，单击“确定”按钮；选中“指定行网格和字符网格”，将“每行”设置成“28”个字符；“每页”设置成“22”行。然后单击“确定”按钮，这样就将版心设置成了以三号字为标准、每页22行、每行28个汉字的国家标准。

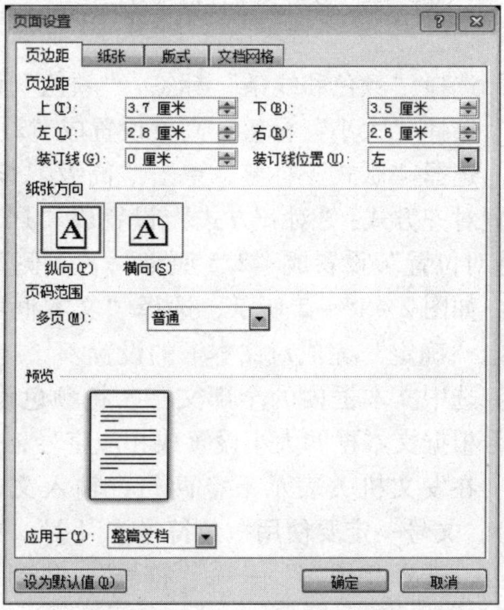

图2-14 页面设置对话框

【提示】页面设置的结果默认应用于整篇文档，如果文档需要应用不同的页面设置，可先将文档分节，并且在“应用于”中选择应用于哪些部分。

3.2 输入通知内容

（1）设置发文机关标识和文号

单击“插入”功能选项卡，选择“文本框”——“横排”菜单项，鼠标将会变成“**+**”，在版面上单击鼠标左键，出现一个文本框，在该文本框内输入发文机关标识“×××公司文件”。

输入完成后，选中该文本框，单击鼠标右键“设置文本框格式”，弹出“设置文本框格式”对话框，如图 2－15 所示，设置文本框格式。

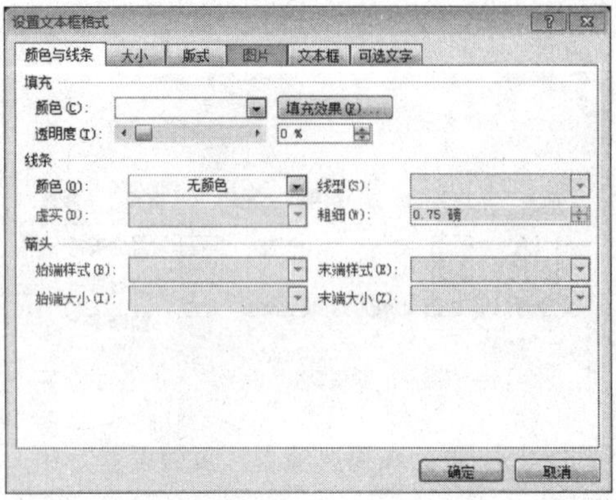

图 2－15　设置文本框格式对话框

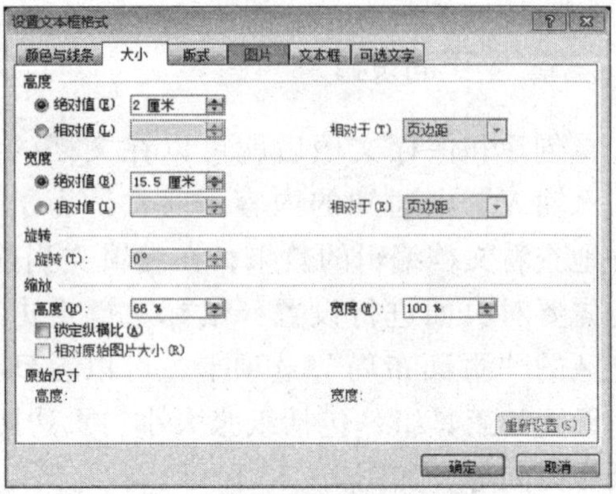

图 2－15－1　设置文本框大小

选择“颜色和线条”标签，“颜色”设置成“无填充颜色”；

选择“大小”标签，高度设置成“2 厘米”；宽度设置成“15. 5 厘米”；

选择“版式”标签，单击“高级”按钮，设置文本框版式，如图 2－15－2 所示，设置对齐方式：“对齐方式”设置成“居中”，“相对于”设置成“页面”；垂直对齐：“绝对位置”设置成“2. 5 厘米”，“下侧”设置成“页边距”（平行文标准）；

如图 2－15－2 所示，选择“文本框”标签，左、右、上、下都设置成“0 厘米”，单击“确定”完成对文本框的设置。

选中文本框内的全部文字，将颜色设置成“红色”，字体设置成“小标宋简体”，字号根据文本框的大小设置成相应字号，但应尽量充满文本框。

在发文机关表示下空两行，输入文号，设置为三号仿宋、居中显示（平行文文号），文号一定要使用六角符号“〔〕”，插入六角符号的步骤：将光标置于准备插入的地方，选择“插入”——“符号”，找到“〔〕”，单击“插入”按钮即可。

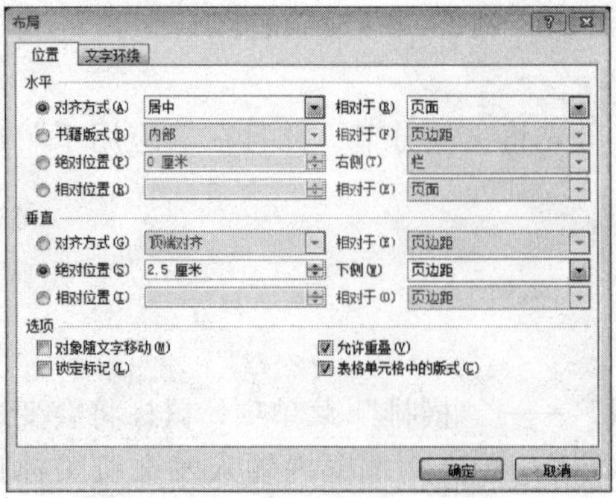

图 2－15－2　设置文本框版式

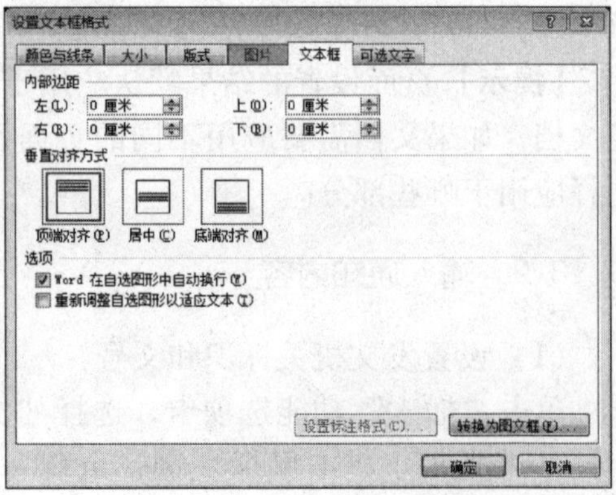

图 2－15－3　设置文本框边距

（2）红线制作

选择“插入”功能选项卡，选择“形状”中的“直线”，鼠标会变成“十”字形，左手按住键盘上的 Shift 键，右手拖动鼠标从左到右划一条水平线，选中直线并单击鼠标右键，选择“设置自选图形格式”，弹出“设置自选图形格式”对话框，设置直线格式（操作与设置文本框格式类似）：

选择“颜色和线条”标签，“颜色”设置为“红色”；“虚实”设置为“实线”；“粗线”设置为“2. 25 磅”；

选择“大小”标签，“宽度”设置为“15. 5cm”（版心宽度）；

选择“版式”标签，单击“高级”按钮，水平对齐：“对齐方式”设置成“居中”，“度量依据”设置成“页面”；垂直对齐：“绝对位置”设置成“7 厘米”，“下侧”设置成“页边距”（平行文标准）。

单击确定完成红线制作。

（3）设置主题词

选择“插入”功能选项卡点击“表格”，选择插入一个三行一列的表格，选中表格，单击鼠标右键选择“表格属性”——“表格”标签，“对齐方式”设置为“居中”，确定；单击“边框和底纹”按钮，在“预览”中将每行的下线选中，其他线取消，然后在表格中填写具体内容：主题词、报送、抄送单位、印发单位及印发日期。设置主题词词目用三号小标宋；抄送、抄送单位、印发单位及印发日期用三号仿宋。

设置完毕后保存为模板，设置保存类型为“Word 模板（ *. dotx）”。

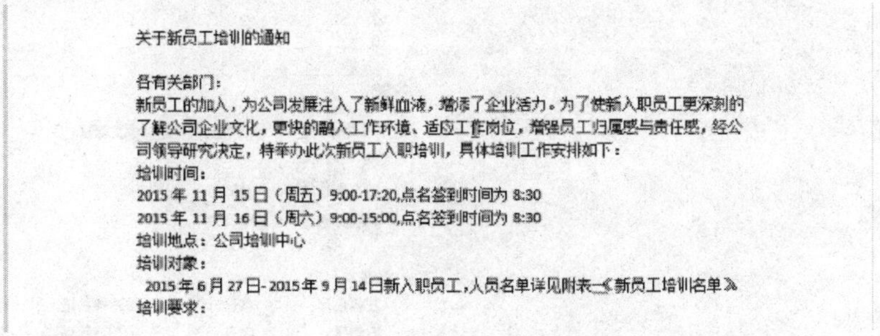
关于新员工培训的通知

各有关部门：
新员工的加入，为公司发展注入了新鲜血液，增添了企业活力。为了使新入职员工更深刻的了解公司企业文化，更快的融入工作环境、适应工作岗位，增强员工归属感与责任感，经公司领导研究决定，特举办此次新员工入职培训，具体培训工作安排如下：
培训时间：
2015 年 11 月 15 日（周五）9:00-17:20,点名签到时间为 8:30
2015 年 11 月 16 日（周六）9:00-15:00,点名签到时间为 8:30
培训地点：公司培训中心
培训对象：
2015 年 6 月 27 日- 2015 年 9 月 14 日新入职员工，人员名单详见附表—《新员工培训名单》
培训要求：

图 2 – 16　输入培训通知内容

3. 3　设置通知正文格式

为了使文档更加实用和美观，要对输入的文档内容再进行格式设置，主要包括字符、段落等。

（1）字符设置

字符的格式包括字体、字形、颜色、大小等。具体操作步骤如下：

在“开始”功能选项卡中选择“字体”工具组，对工具组中的字体、字号等进行设置，或者单击“字体”工具组右下角的对话框启动按钮，打开“字体”对话框（图 2 – 17），按照文件要求，依次对其他内容设置成要求的字符格式。

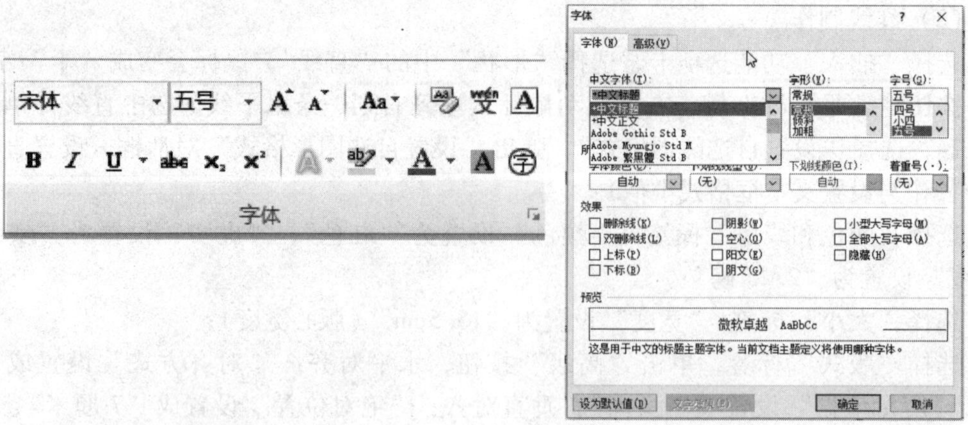

图 2－17　“字体”工具组合“字体”对话框

（2）段落设置

段落格式的设置是对段落的对齐方式、缩进量、段间距、行间距等属性进行设置。具体操作步骤如下：

在“开始”功能选项卡中选择“段落”工具组，或点击“段落”工具组中的对话框启动按钮，打开“段落”对话框，如图 2－18 所示，按鼠标左键选中相应段落。选中“关于新员工培训的通知”，设置对齐方式为居中“ ”，选中正文段落，各段“首行缩进：2 个字符”，“行距：单倍行距”。设置相应的属性后，单击“确定”按钮即可完成设置。

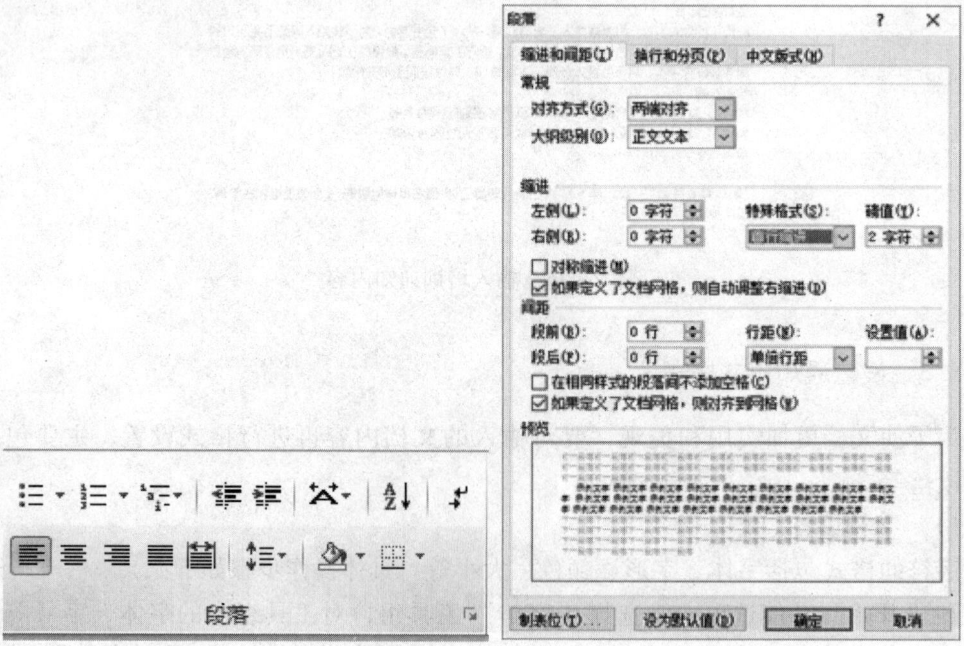

图 2－18　“段落”工具组和“段落”对话框

标题设置为“宋体”“二号”，居中；正文设置为“仿宋体”“三号”，主送机关顶格，最后一个单位后标全角冒号，单位过多时，可放在主题词之下，抄送之上，正文首行缩进 2 字符；成文机构和时间，在正文之下，设置为“仿宋体”“三号”。

（3）添加编号

文档中遇到一些需要顺序显示的内容，可以利用 Word 2010 中提供的“编号”标示出此类文档的内容。具体操作步骤为：

①选中需要添加编号的文字，在“段落”工具组中点击“编号”按钮，即可看到 Word 自带的各种编号格式（包括编号样式、格式、对齐方式等）。

②在弹出的菜单中选择预定的编号格式“”，即可在 Word 文档中预览插入编号后的效果，如图 2－20 所示。

（4）在培训通知插入表格，并输入培训内容

①插入表格：切换到“插入”功能选项卡。在“表格”分组中单击“表格”按钮，并在打开表格菜单中选择“插入表格”命令，如图 2－21 所示。

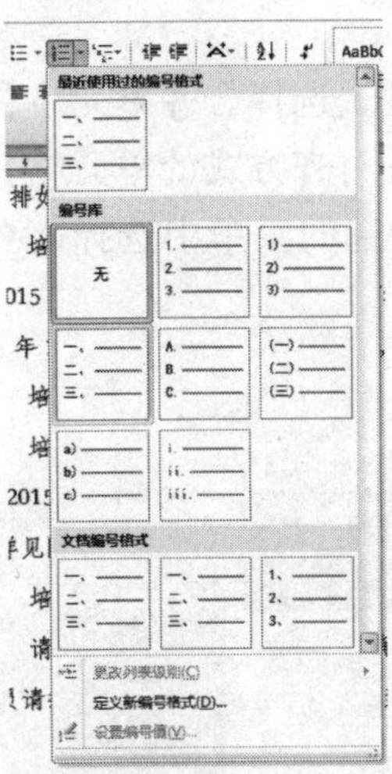

图 2－19　Word 自带“编号”

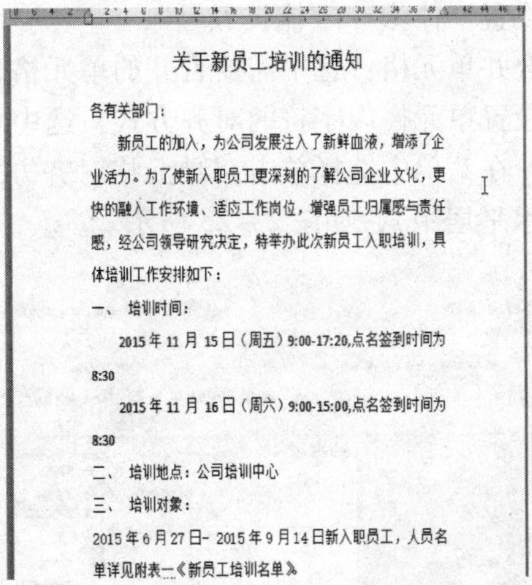

关于新员工培训的通知

各有关部门：

新员工的加入，为公司发展注入了新鲜血液，增添了企业活力。为了使新入职员工更深刻的了解公司企业文化，更快的融入工作环境、适应工作岗位，增强员工归属感与责任感，经公司领导研究决定，特举办此次新员工入职培训，具体培训工作安排如下：

一、培训时间：

2015 年 11 月 15 日（周五）9:00-17:20,点名签到时间为 8:30

2015 年 11 月 16 日（周六）9:00-15:00,点名签到时间为 8:30

二、培训地点：公司培训中心

三、培训对象：

2015 年 6 月 27 日- 2015 年 9 月 14 日新入职员工，人员名单详见附表一《新员工培训名单》

图 2－20　插入编号后的效果

打开“插入表格”对话框，在“表格尺寸”区域分别设置表格的行数为 9 行和列数为 4 列。在“‘自动调整’操作”区域如果选中“固定列宽”单选框，则可以设置表格的固定的列宽尺寸，如果选中“根据内容调整表格”单选框，则单元格宽度会根据输入的内容自动调整；如果选中“根据窗口调整表格”单选框，则所插入的表格将充满当前页面的宽度。选中“为新表格记忆此尺寸”复选框，则再次创建表格时将使用当前尺寸。设置完毕单击

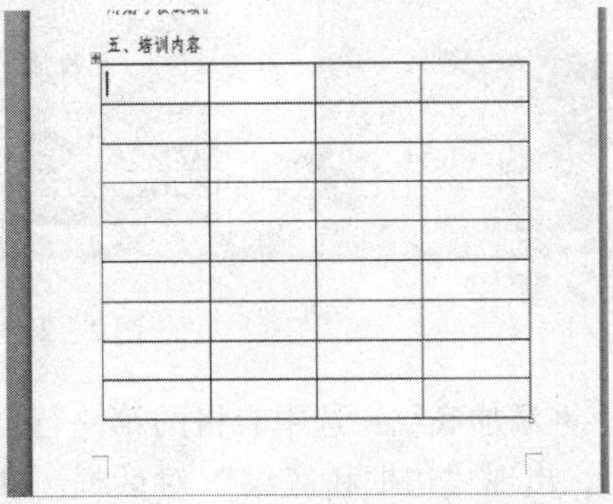

图 2－22　插入表格效果

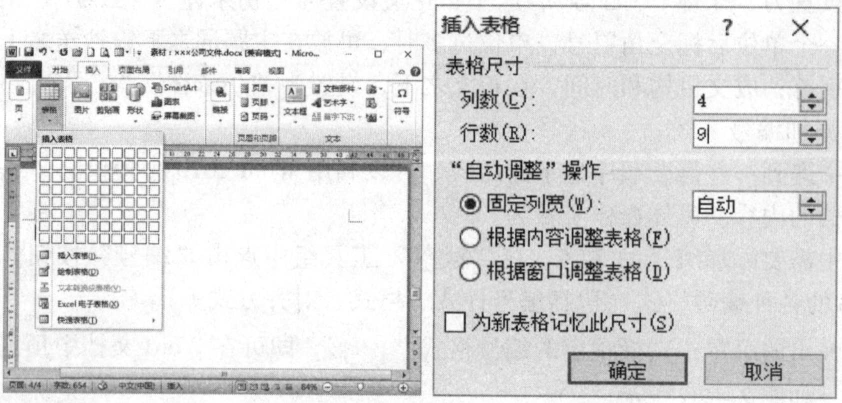

图 2－21　插入表格对话框

"确定"按钮即可，插入表格效果如图 2－22 所示。

②输入表格中内容，并对表格进行调整。具体操作步骤如下：

• 设置字体为"宋体，五号"；

• 合并单元格：选中需要合并的单元格，单击鼠标右键，选择合并单元格；

• 设置单元格内字符的对齐方式：选中表格内需要设置对齐方式的单元格，单击鼠标右键，在菜单中选择单击"单元格对齐方式命令"，在待选的菜单中选择需要的对齐方式（水平居中），如图 2－23 所示。

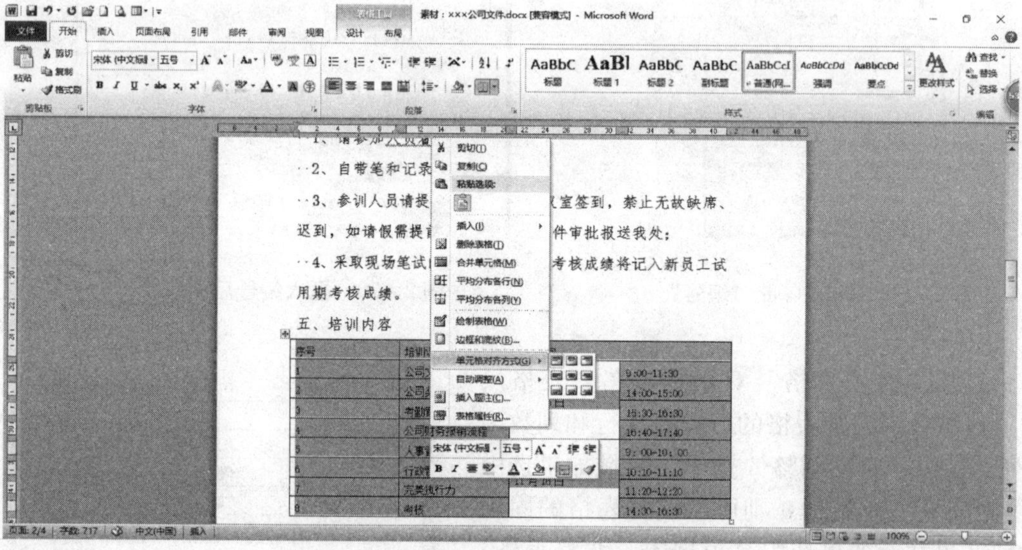

图 2－23　设置单元格对齐方式

• 添加底纹：选中表格的第一行，单击鼠标右键，在菜单中选择单击"边框和底纹"，出现"边框和底纹"对话框。在对话框中选择"底纹"选项卡，设置"填充"颜色，使其"应用于"单元格，如图 2－24 所示。

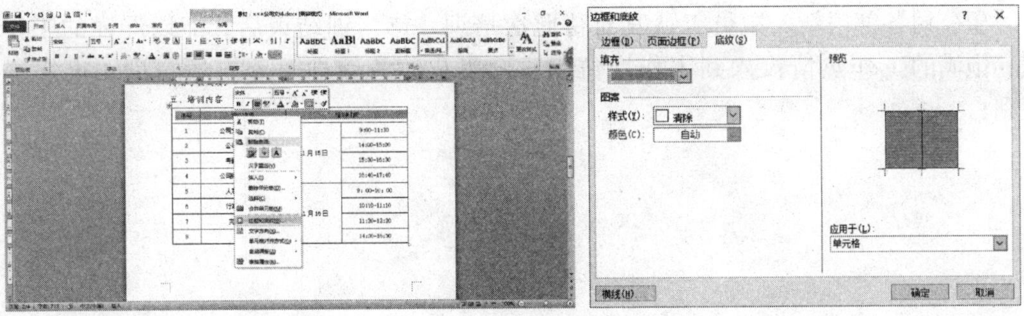

图 2 - 24　表格边框和底纹

（5）调整通知落款和时间

选中“人力资源部”“2015 年 11 月 2 日”，切换到“开始”功能选项卡，在“段落”组中选择“右对齐”按钮，选中的内容在页面中显示位置效果如图 2 - 1 所示。

附：通知内容：

关于新员工培训的通知

各有关部门：

新员工的加入，为公司发展注入了新鲜血液，增添了企业活力。为了使新入职员工更深刻地了解公司企业文化，更快地融入工作环境、适应工作岗位，增强员工归属感与责任感，经公司领导研究决定，特举办此次新员工入职培训，具体培训工作安排如下：

培训时间：2015 年 11 月 15 日（周五）9:00 - 17:40，点名签到时间为 8:30

2015 年 11 月 16 日（周六）9:00 - 16:30，点名签到时间为 8:30

培训地点：公司培训中心

培训对象：2015 年 6 月 27 日 - 2015 年 9 月 14 日新入职员工，人员名单详见附表一《新员工培训名单》。

培训要求：1. 请参训人员着正装；2. 自带笔和记录本；3. 参训人员请提前 5 分钟到达会议室签到，禁止无故缺席、迟到，如请假需提前通过直属领导邮件审批报送我处；4. 采取现场笔试的方式进行考核，考核成绩将记入新员工试用期考核成绩。

培训内容

序号	培训课程	培训时间	
1	公司文化及发展史	11 月 15 日	9:00 - 11:30
2	公司奖惩制度		14:00 - 15:00
3	考勤管理制度		15:30 - 16:30
4	公司财务报销流程		16:40 - 17:40
5	人事管理制度	11 月 16 日	9:00 - 10:00
6	行政管理制度		10:10 - 11:10
7	完善执行力		11:20 - 12:20
8	考核		14:30 - 16:30

望公司各部门新入职员工认真对待此次培训。待培训结束后，能以严谨的工作态度、饱满的工作热情投入到工作岗位中。希望我们的培训对您有所帮助，祝您工作顺利！

任务二　制作员工人事档案表

【任务目标】

熟悉创建和编辑表格的方法

掌握表格的添加与删除、合并与拆分

掌握表格边框和底纹的设置

掌握调整单元格列宽和行高的方式

【任务引入】

为了便于员工管理，A 公司要为员工建立员工档案，记录员工的基本信息，学习、工作经历等信息。人力资源部服务制作员工人事档案，并对档案进行保存管理。

【任务分析】

人事档案管理是企业人力资源部门的主要工作之一，它涉及对企业员工的基本信息，学习、工作经历等信息的记录。本任务中需要利用 Word 2010 完成“员工人事档案表”，包括必需的信息，排版合理，表单实用、美观。

范例如图 2－25 所示。

Word 不仅可以处理文本，还可以处理简单的表格。表格是 Word 文档中常见的表述方式。在 Word 文档中可以对表格进行修饰，使其能更简洁、清晰、直观地表述内容。

活动 1　创建员工人事档案表表格

1.1　建立员工档案表表格

（1）创建“员工人事档案表”文档

创建一个 Word 文档，并将其保存为“员工人事档案表 . docx”。打开“员工人事档案表”，在文档的第一行输入表格标题，分两行输入表格的标题“员工人事档案表”，设置字体“宋体”“加粗”，字号“小三”，对齐方式为“居中”；输入“填表日期：年　月　日”，设置字体“宋体”“五号”，对齐方式为“右对齐”，如图 2－26 所示。

（2）创建表格

从图 2－25“员工人事档案表”可以看出，所需要的表格有 8 列，30 行（最多的一行和一列为列数和行数），所以我们要创建一个最多 8 列，30 行的表格。具体操作步骤如下：

切换到“插入”功能选项卡，在“表格”组中单击“表格”按钮，在弹出的快捷菜单中选择“插入表格”命令，弹出“插入表格”对话框，如图 2－27 所示。在“列数”和“行数”输入要插入表格的行数（30 行）和列数（8 列），单击“确定”按钮，即可在 Word 文档中插入一个 8 × 30 的表格。

员工人事档案表

填表日期：　　年　月　日

基本情况	员工编号		姓名		性别			
	出生年月	年 月 日	民族		政治面貌			
	婚姻状况	□未婚 □已婚	籍贯		城镇户口	□是 □否		
	健康状况		血型		身高	厘米		
	有无传染性疾病		视力	左 右	体重	公斤		
	户籍所在地				身份证号			
	家庭详细地址				联系电话			
	紧急事故通知人	关系	姓名	地址			电话	
	爱好		特长					
	最高学历		院校			专业		
	学位		是否考研	□是 □否		微机水平		
	外语语种及程度	1、		2、		3、		
	在校担任职务		获奖情况					
	就业经历	□应届毕业生	□在职职工	□转业军人	□下岗职工	□其它		
	原工作单位			职称				
	□行政管理职务		□技术职务					
	离职原因							
入公司情况	所属部门		职务职能		职称			
	专业技能	1、	2、	3、				
	入司时间	年 月 日	转正时间	年 月 日				
	合同到期时间	年 月 日	续签时间	年 月 日				
	聘用形式		离职时间	年 月 日				
	离职原因	□辞职 □解雇 □其它	是否调档	□是 □否				
	工资说明							
其它	住宿情况	□自家住房	□公司公寓	□自租	□其它			
	有无亲属在本企业工作	□有（姓名：	部门：	职务：	）□无			
	配偶是否在本地	□是（姓名：	单位：	职务：	）□否			
	入公司介绍人	□有（姓名：	单位：	职务：	）□无			
	有无担保人	□有（姓名：	单位：	职务：	）□无			

图 2－25　员工人事档案表

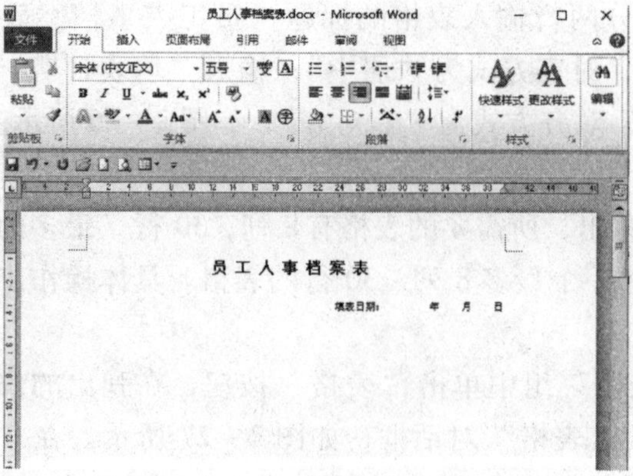

图 2－26　“员工人事档案表”标题

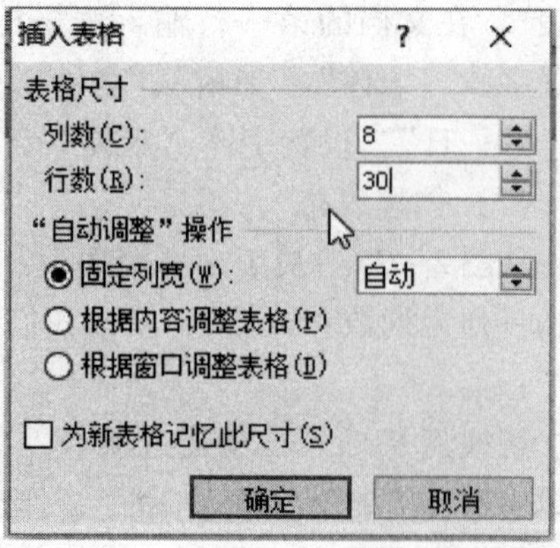

图 2－27　“插入表格”对话框

【提示】Word 中提供了多种方式创建表格：

插入表格时还可以选择在弹出的“插入表格”命令中按照需要，快速选择行和列（最多只能设置 10×8 的表格），如图 2－28 所示。

还可以手动绘制表格：同样在“插入表格”下拉框中选择“绘制表格”命令，鼠标变成“✎”，在页面上先是绘出一个矩形框，然后在矩形框中画出自己想要的表格样式即可。这种方法能绘制出任意不规则的表格。

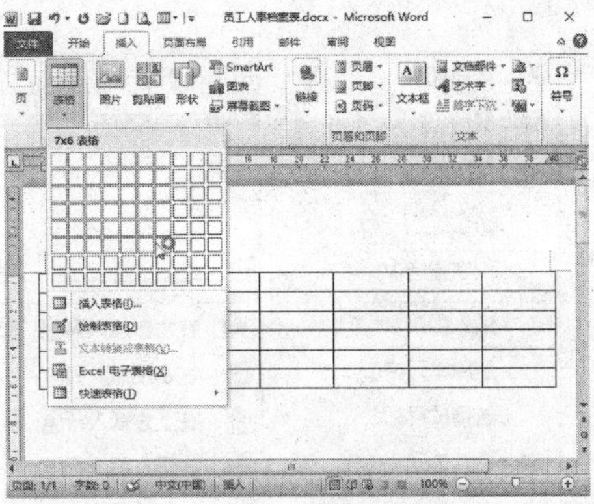

图 2－28　“快速插入”表格

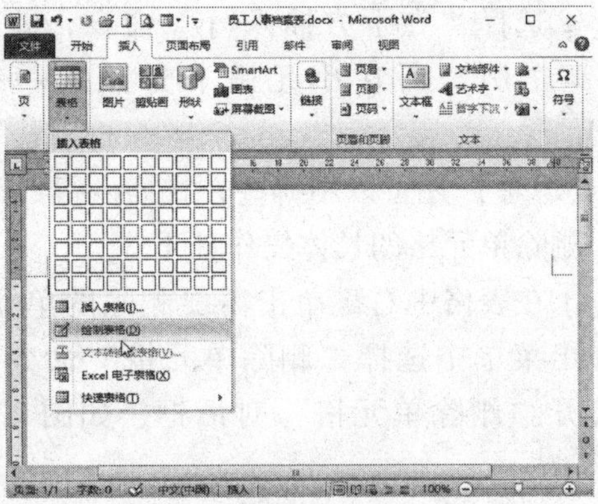

图 2－29　“绘制表格”

创建了表格之后，当需要对表格进行编辑（选中表格或其中的某个单元格）时，在文档的功能区出现“表格工具”选项卡，如图 2－30 所示，包括“设计”和“布局”两个选项卡。在这些选项卡中包含了可以对表格进行格式设置（包括表格样式、边框和底纹）和表格布局等的设置工具。

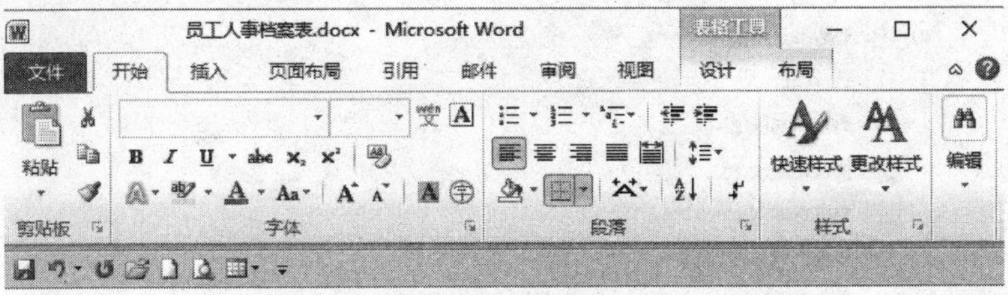

图 2－30　表格工具

活动 2　编辑、美化“员工人事档案”

2.1　编辑“员工人事档案”

空白表格制好之后，就可以在表格中输入员工人事档案的内容。将鼠标移动到要输入文本的单元格中，单击鼠标，即可输入文本，同时，可以根据需要对表格进行调整，包括插入或删除单元格、合并或拆分单元格、设置单元格的属性等操作。

（1）插入行（列）和删除单元格

在 Word 表格中如果发现表格缺少了行（列），可以直接插入行（列）；如果某行（列）单元格多余，可以将其删除。

插入行（列）的具体操作如下：

①选中要插入行（列）相邻的单元格，右击鼠标，可弹出 Word 2010 自带的插入行或列的快捷菜单，如图 2－31 所示。

②选择“在下方插入行”命令，即可在“最高学历”所在单元格下方插入一行单元格。

【思考】还可以用哪些方式插入行（列）？

删除单元格的具体操作如下：

①在表格中右键单击需要删除的单元格，在弹出菜单中选择“删除单元格”命令，即可打开“删除单元格”对话框，如图 2－32 所示。

②在“删除单元格”对话框选中“右侧单元格左移”选项会删除当前单元格，右侧单元格会移动到当前位置，选中“下方单元格上移”选项删除当前单元格，下方单元格移动到当前位置，选中“删除整行（列）”选项，删除当前单元格所在的行（列）。

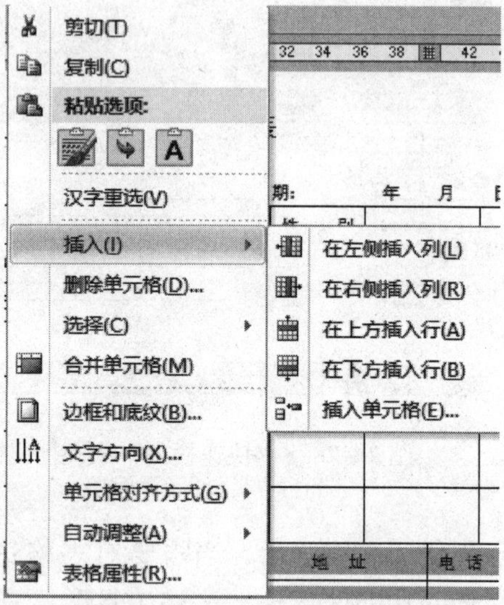

图 2－31 插入行或列菜单

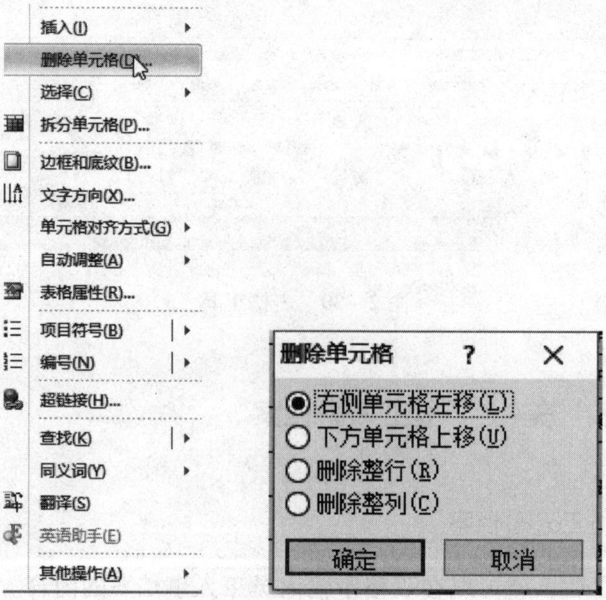

图 2－32 删除单元格

（2）合并、拆分单元格

在表格的第 1 列，选定 1 ~ 18 行单元格，单击“表格工具”中的“布局”功能选项卡，在“合并”组中，单击“合并单元格”按钮，将选中的单元格合并为一个单元格。选定单元格后，点击鼠标右键，在菜单中选择“合并单元格”，选中的多个单元格即可合并成一个，如图 2 – 33 所示。

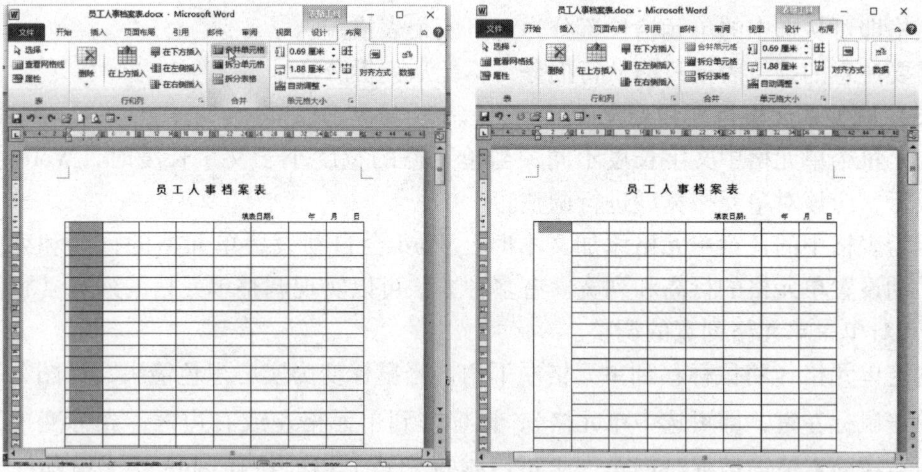

图 2 – 33　合并单元格

【提示】一个单元格也可以拆分成多个单元格，操作步骤如下：

①将鼠标光标定位在需要拆分的单元格里，在“表格工具”里选择“布局”功能选项卡，在“合并”组中，单击“拆分单元格”按钮，即可打开“拆分单元格”对话框，如图 2 – 34 所示。或者在需要拆分的单元格单击鼠标右键，在弹出的菜单中选择“拆分单元格”也可打开以上所说的对话框。

②在对话框中设置要拆分的行数和列数，单击“确定”按钮，即可将选定的单元格拆分成特定的行数和列数的单元格，效果如图 2 – 35 所示。

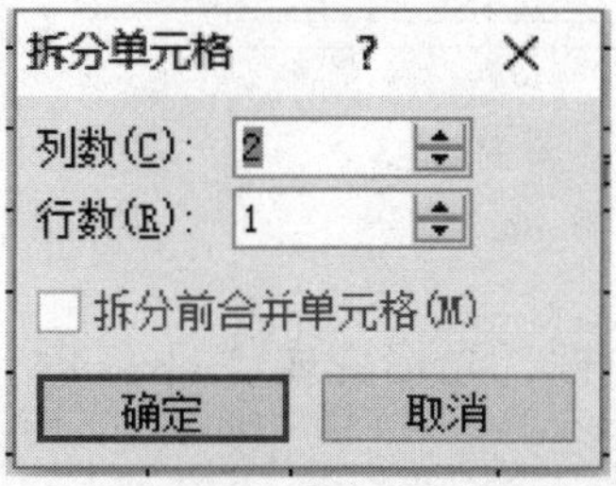

图 2 – 34　拆分单元格对话框

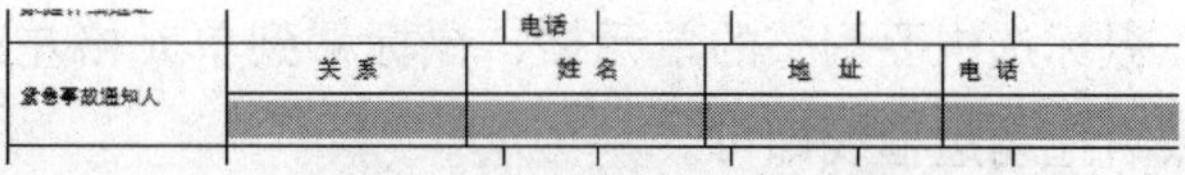

图 2 – 35　拆分后的单元格

根据图 2 – 26“员工人事档案表”完成对单元格的合并、拆分。

【思考】拆分单元格时是否能拆分成任意的行数和列数？

扩展应用

当需要将一个表格拆分成多个表格时，可以使用拆分表格的功能。拆分表格的操作步骤如下：

①鼠标单击要拆分的表格的分界行中任意单元格。

②单击“表格工具”“布局”选项卡，在“合并”工具组中选择“拆分表格”按钮，表格即可从选中的单元格位置分为上下两个表格。

需要注意的是，表格只能从行拆分，不能从列拆分。

（3）调整单元格行高和列宽

由于每个单元格中文字长度不同，当单元格的宽度小于文字长度时，Word 会出现自动换行，应该对单元格宽度进行调整。

当为表格中的任意单元格添加文本时，Word 会自动设置单元格的行高和列宽，也可以手动设置单元格的行高和列宽。有多种方法可以实现调整单元格的列宽（行高）。

1）对单一单元格列宽的调整。

选定单元格（将鼠标移到单元格左下角，当鼠标变为实心黑色箭头，如图 2－36 所示，单击鼠标左键，即可选中单元格），鼠标移到单元格左或右边框，光标变成“+||+”时，向左或向右拖动边框线即可。也可以在选定单元格时按住 Shift 键，拖动标尺栏中的“标尺列”实现单元格的列宽调整。

注意：单元格行高一般不可以单独设置。

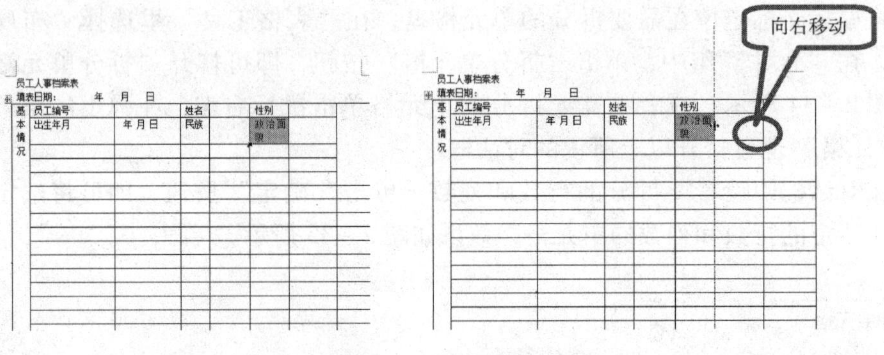

图 2－36 调整单元格列宽

2）连续多行的单元格的调整。

鼠标选中要调整的单元格，鼠标移到单元格左或右边框，光标变成“+||+”时，向左或右拖动边框线即可。

> 注意：以上通过鼠标对单元格的调整，都不能精确确定单元格的大小，若表格中对单元格的大小有精确的规定，可以通过“表格工具布局”选项卡中“单元格大小”组中，修改行高和列宽，或者在“表格属性”对话框对行高、列宽、表格尺寸或单元格尺寸进行更精确的设置。

3）整个表格调整。

用鼠标单击表格左上角的“ ”按钮，选定整个表格（或者按住鼠标左键并在表格中拖动，选定待设置的单元格）。在选中的表格中单击鼠标右键，在菜单中选择单击“表格属性”命令，即可出现“表格属性”对话框，如图 2 – 37 所示。

在对话框中分别单击相应的选项卡进行设置：

“表格”选项卡：表格尺寸为指定宽度（18. 49 厘米）、对齐方式为左对齐、无文字环绕。

“行”选项卡：单元格尺寸修改为指定高度（0. 76 厘米），如图 2 – 38 所示。

“单元格”选项卡：选定“垂直对齐方式”为“居中”，如图 2 – 39 所示。

设置完毕，单击“确定”按钮退出对话框。

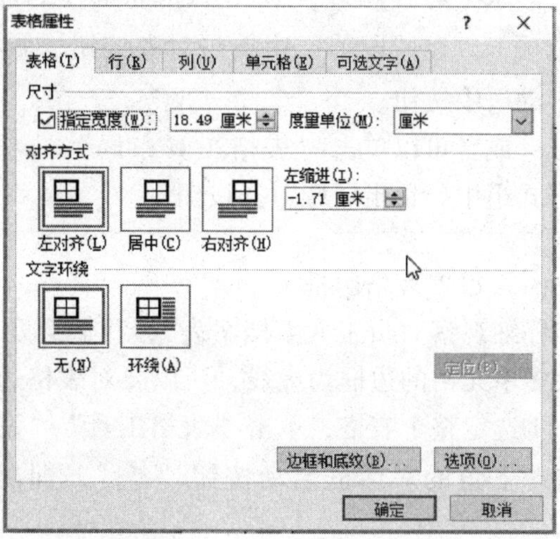

图 2 – 37　表格属性对话框

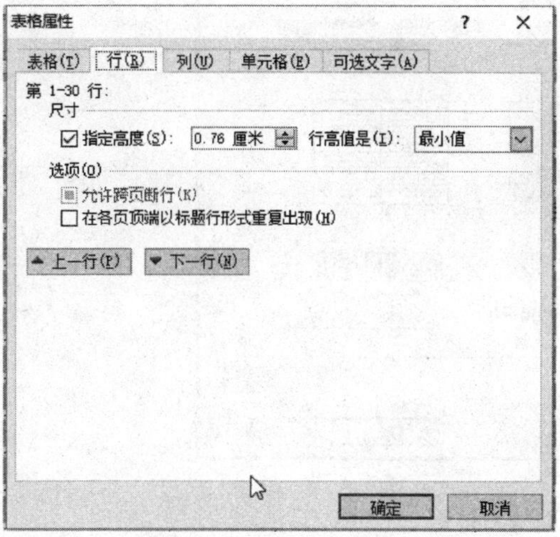

图 2 – 38　设置“行”属性

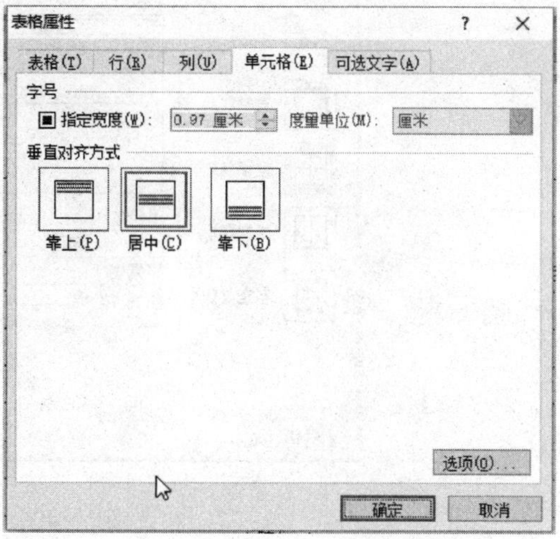

图 2 – 39　设置单元格对齐方式

在单元格里输入文本时，可以按下“Enter”键开始一个新的段落，也可以根据列宽（固定列宽）自动换行，行的高度会随着单元格中的字符数的增加而增高。

小提示：

表格中的文字对齐有水平和垂直两种方式，表格属性中设置了垂直对齐，即是在垂直方向上设置了文字对齐（靠上对齐、居中对齐和靠下对齐），使文字在单元格中分别居于单元格上方、中间和下方。

水平对齐可以在选定表格状态下，单击“开始”选项卡，在“段落”中单击对齐按钮“”中的居中按钮。

或者可以单击“表格工具布局”选项卡，在对齐方式组中，单击居中对齐按钮。

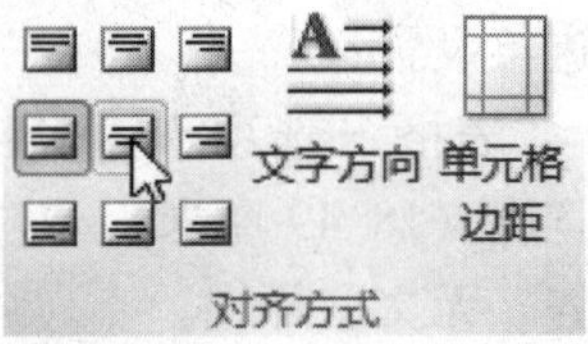

（4）设置表格边框

仔细观察“员工人事档案表”，我们会发现表格边框的特点：表格外框是实线，里边大多单元格的边框为虚线，所以要对表格边框进行设置，操作步骤如下：

①选定整个表格，单击“表格工具”“设计”功能选项卡，在“绘制边框”组中，单击右下角的对话框启动按钮“”，即出现“边框和底纹”对话框，如图 2－40 所示。

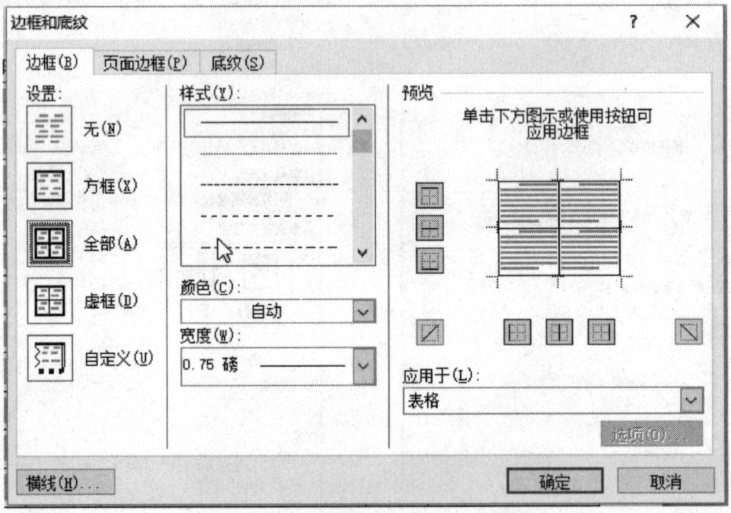

图 2－40 边框和底纹对话框

②在对话框中，单击“边框”选项卡，在“设置”中选择“自定义”，样式为“实线”，颜色为“黑色”，宽度为“0.5 磅”，在预览区域，用鼠标点击四个边界线（这时我们看到预览中表格的四个边框变成黑色实线时，如图 2－41 所示），再在样式中选择“虚线”，颜色“黑色”，宽度为“0.75 磅”，预览区域选择“”和“”，单击“确定”，如图 2－42 所示。

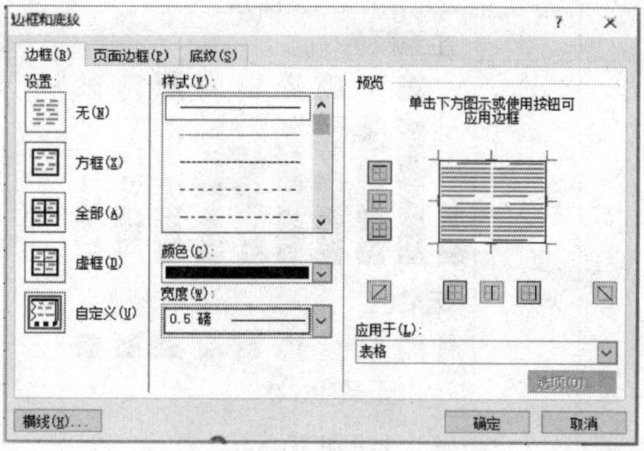

图 2－41　自定义边框 1

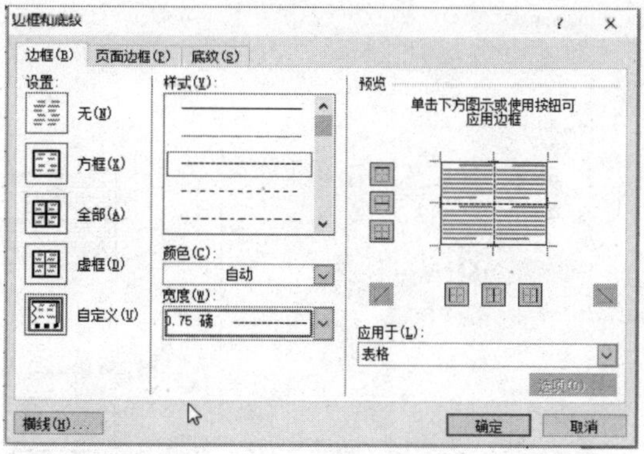

图 2－42　自定义边框 2

③对表格中个别单元格的边框单独设置：选中表格第一列，在“边框”中设置为“方框”，样式为“实线”，颜色为“黑色”，宽度为“0.5 磅”，在预览区域中选择应用于“单元格”，如图 2－43 所示。

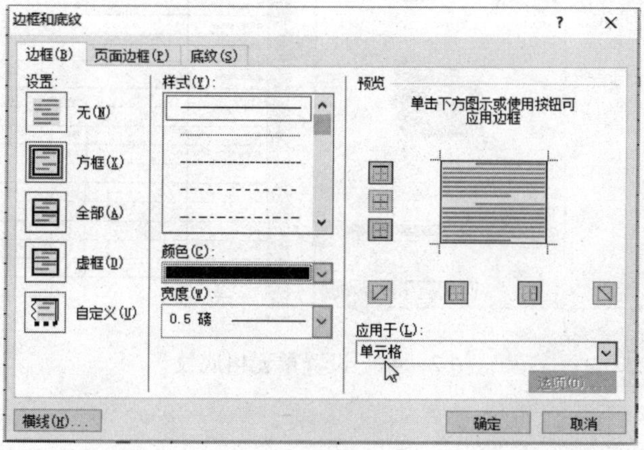

图 2－43　边框应用于“单元格”

选中表格中的第 18 行和第 25 行，在“边框”中设置为“自定义”，样式为“实线”，颜色为“黑色”，宽度为“0.5 磅”，在预览区域中鼠标点击下边框，选择应用于“单元格”，单击“确定”，完成表格边框设置。

（5）设置底纹

具体操作步骤如下：

①拖动鼠标选中需要设置底纹的单元格，打开“边框和底纹”对话框。

②在对话框中选择“底纹”选项卡，打开“底纹”选项卡，如图 2－44 所示。

单击“填充”下拉按钮，打开“主题颜色”对话框，如图 2－45 所示。选择需要填充的颜色，返回到“底纹”选项卡，并在“预览”栏中选择“应用于：单元格”，即可在预览中看到所选择的填充颜色。

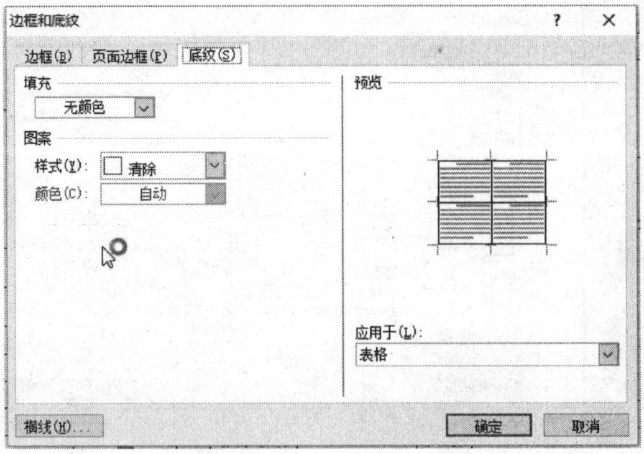

图 2 - 44　底纹选项卡

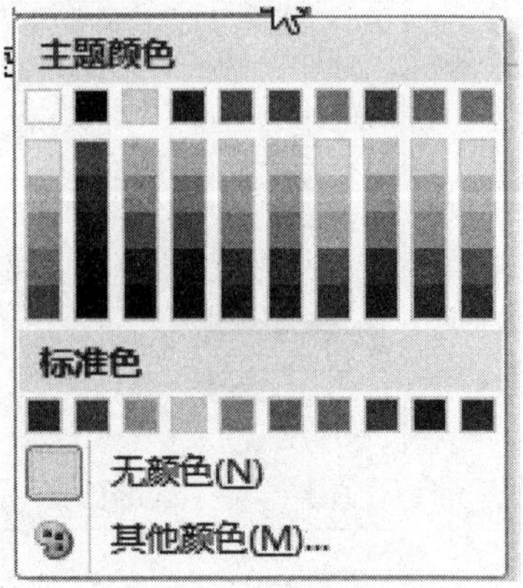

图 2 - 45　主题颜色对话框

③单击“确定”按钮，即可看到设置底纹后的表格效果，如图 2 - 46 所示。

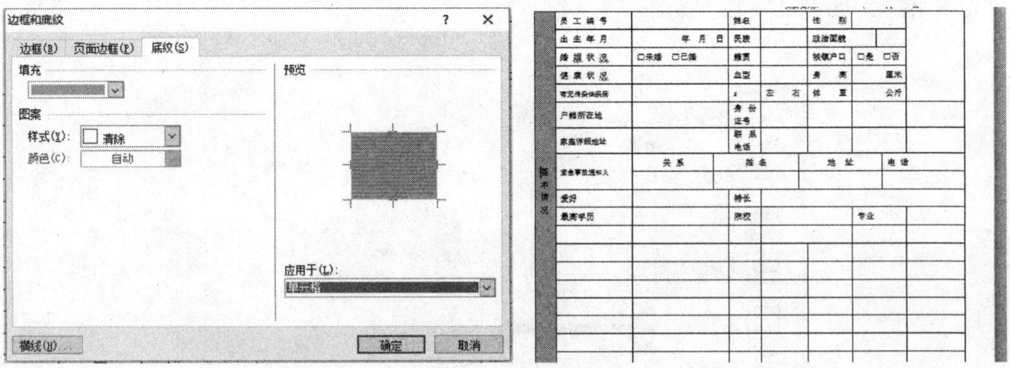

图 2 - 46　设置单元格底纹

扩展应用

（1）标题行重复

Word 制作的表格通常会把第一行设置为标题行来标识每一列所代表的内容，如果一张表格需要在多页中跨页显示，那么在每页中都显示标题行会更加便于阅读和查看，所以设置标题行重复就很有必要。设置标题行重复的操作步骤如下：在 Word 表格中选中标题行，打开“表格工具布局”选项卡，在“数据”组中单击“重复标题行”按钮即可。

（2）Word 表格中的数据处理

在 Word 表格中，可以对其中的文本或数据进行排序，还可以对表格中的数据进行一些简单的计算。

Word 表格中排序操作的具体步骤如下：

①在需要进行数据排序的 Word 表格中，单击任意单元格。

②单击“表格工具布局”选项卡，在“数据”组中，单击“排序”按钮，即可弹出“排序”对话框，如图 2－47 所示。

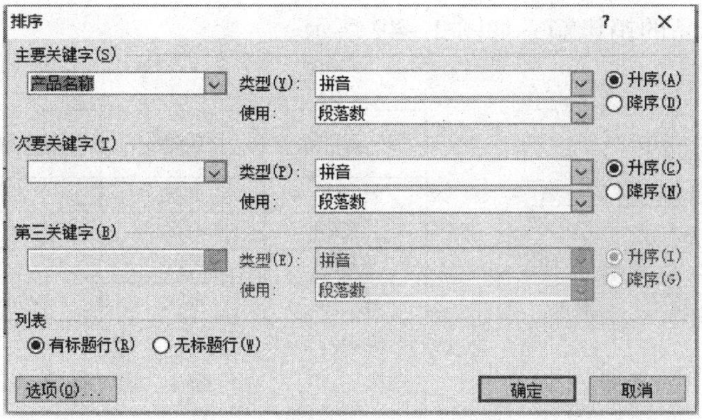

图 2－47　排序对话框

③在“列表”选项里选择“有标题行”单选框。

④在“主要关键字”区域，单击关键字下拉按钮，因为选择“有标题行”，在下拉菜单中会出现标题名称。单击“类型”下拉按钮，在列表中选择“笔画”“数字”“日期”或“拼音”选项。如果参与排序的关键字是文字类型，一般选择“笔画”或“拼音”选项，如果参与排序的关键字是日期类型，则可选择“日期”选项，如果参与排序的关键字是数字类型，可选择“数字”选项。最后选择“升序”或“降序”单选框设置排序的顺序类型。

⑤若有必要，依次设置“次要关键字”和“第三关键字”，最后单击“确定”按钮。

排序会先按主要关键字选择的顺序，主要关键字相同的再按次要关键字排序，依次类推。

在 Word 中可以对表格的数据进行一些简单的计算，如可计算表 2－3 中的销售额，具体操作步骤如下：

表 2－3　　产品销售统计表

产品名称	价格	销售数量	销售额
计算机	2300	5	
打印机	4500	4	
复印机	3500	6	
笔记本	4400	8	

①单击鼠标定位在表格第 2 行第 4 列单元格。打开“表格工具布局”选项卡，在“数据”组中单击“公式”按钮，即可打开“公式”对话框，如图 2－48 所示。

②在“公式”栏中输入“=product（left）”，单击“确定”按钮，即可求出计算机的销售额。

③选定计算机销售额的计算结果，分别复制到其他产品的销售额单元格中，并且在“F9”求出所有产品的销售额，如图2-49所示。

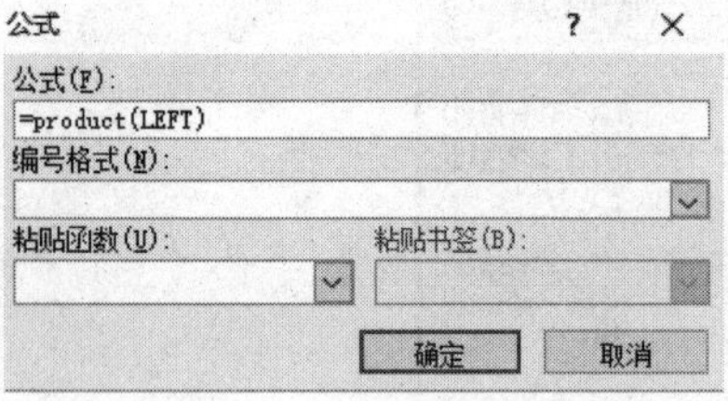

图2-48 公式对话框

产品名称	价格	销售数量	销售额
计算机	2300	5	11500
打印机	4500	4	18000
复印机	3500	6	21000
笔记本	4400	8	35200

图2-49 计算结果

【**提示**】Word中的函数运算包括abs，and，defined，int，flash，true，mod，not，or，product，round，sign。可以在“公式”对话框中“粘贴函数”下拉菜单中选择。product（left）为左侧单元格相乘。

任务三　制作广告宣传单

【任务目标】

熟悉设置背景图片
掌握插入艺术字的方法
熟悉插入并设置图片的方法
熟悉插入文本框和自选图形的技巧
掌握图文混编的技巧

【任务引入】

在企业进行各种促销活动时，广告宣传单经常扮演着重要的角色。最近一家连锁奶茶公司要开展一次小型的营销活动，由于宣传单需求量不大，公司不打算找专业的广告公司，而是要求营销部门自己制作。

【任务分析】

运用 Word 的各种美编技巧和绘图工具的编辑功能，再配合彩色打印机，就可以轻松自制出广告宣传单。

活动 1　宣传单设置背景图片

广告宣传单要有比较强烈的冲击效果，可以将一幅图片设置为背景。操作步骤如下：

①创建一个空白 Word 文档，保存为“广告宣传单”。设置“纸张方向”为“横向”。

②打开“页面布局”功能选项卡，单击“页面背景”组中的“页面颜色”按钮，在弹出的快捷菜单中选择“填充效果”选项，如图 2－50 所示。

点击“填充效果”选项，弹出“填充效果”对话框，如图 2－51 所示。通过选择对话框的选项卡，可以为 Word 文档填充渐变、纹理图案或图片等效果。具体操作步骤如下：

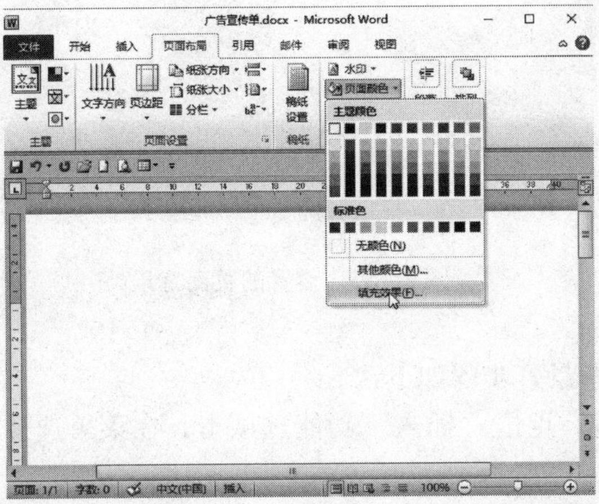

图 2－50　页面布局选项卡

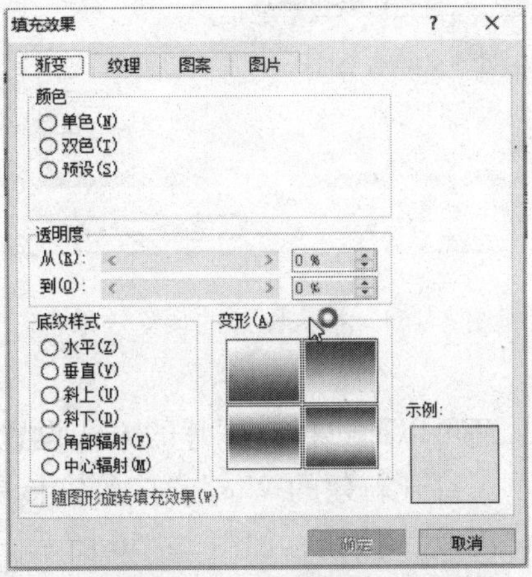

图 2－51　填充效果对话框

①要将准备好的一幅图片设置为页面背景，选择单击“图片”选项卡，如图 2－52 所示。

②单击“选择图片”按钮，可以打开“选择图片”对话框，如图 2－53 所示。

③选择要设置为背景的图片，单击“插入”按钮，返回到“填充效果”对话框中，可以看到选择的图片的预览效果，如图 2－54 所示。

④单击“确定”，即可使选择的图片铺满整个页面，如图 2－55 所示。

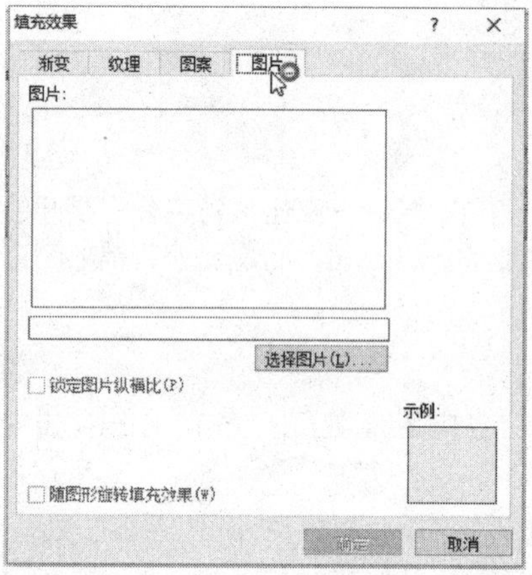

图 2－52　图片选项卡

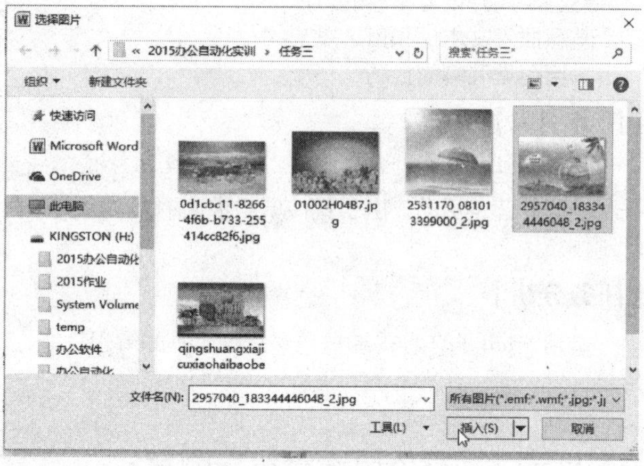

图 2－53　“选择图片”对话框

图 2－54　插入图片的预览效果

图 2－55　设置的页面背景

还可以通过插入图片的方式设置页面背景，步骤如下：

①打开新建的 Word“广告宣传单”后，点击“插入”功能选项卡，在菜单选择点击“图片”按钮，如图 2－56 所示。

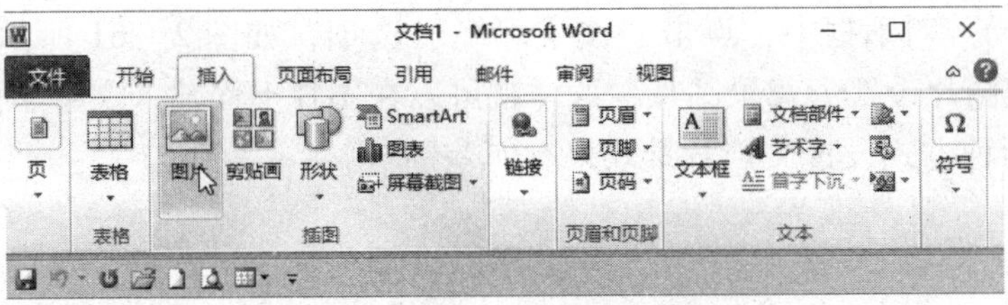

图 2 – 56　“插入”功能选项卡

②点击“插入图片”后会弹出“插入图片”的对话框，如图 2 – 57 所示，在对话窗口中找到并点击想要插入的图片，然后点击“插入”按钮。这样图片就插入到 Word 文档中了。

只是此时图片只占页面的一部分，如图 2 – 58 所示，接下来，我们让它铺满整页文档。

图 2 – 57　插入图片对话框

图 2 – 58　插入图片后的效果

③在图片上点右键，然后在弹出的菜单中选择“大小和位置”，如图 2 – 59 所示。

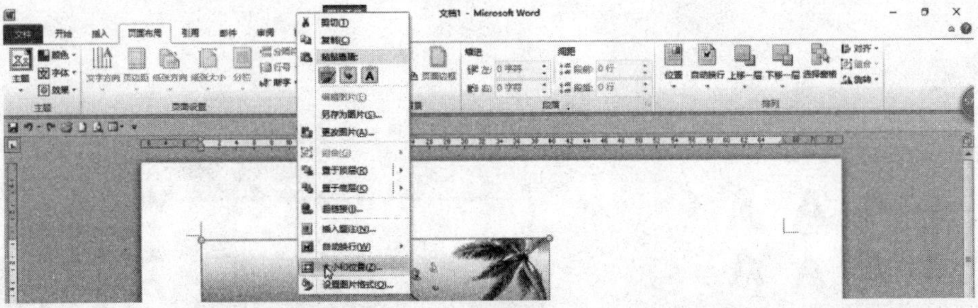

图 2 – 59　图片设置

④选择“大小和位置”后，打开“布局”设置对话框，选择“大小”标签设置图片大小，如图 2 – 60 所示，若是图片大小没有铺满整个 Word 文档，那么我们就可以在这里设置让其铺满整个文档。

⑤在“布局”对话框中，点击“文字环绕”选项，如图 2－61 所示，选择“衬于文字下方”，把图片设置为背景图片，这样就可以在图片上面输入文字了。

【思考】两种方式设置文档背景效果有何差别?

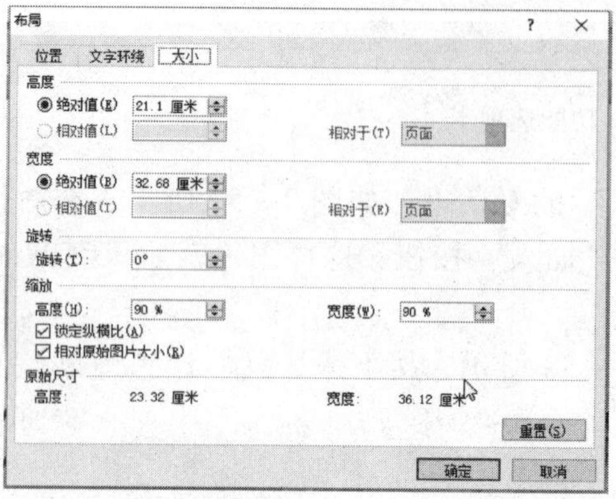

图 2－60 布局－大小对话框

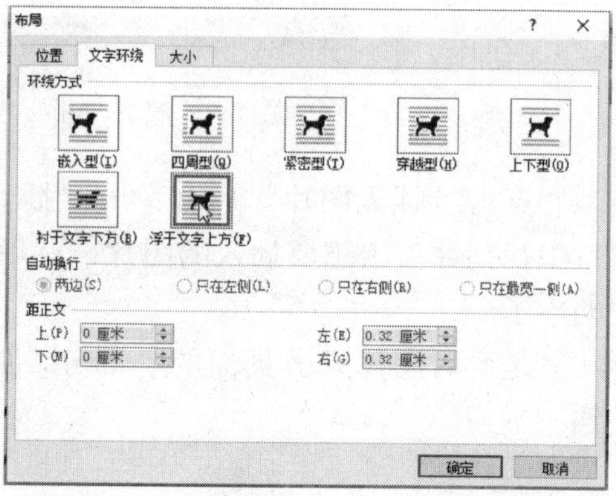

图 2－61 布局－文字环绕对话框

活动 2 插入艺术字

艺术字是可添加到文档中的装饰性文本，在 Word 文本中插入艺术字，可以凸显文档的重点，彰显个性和美化页面。Word 2010 中插入并设置艺术字的操作步骤如下：

①打开“插入”功能选项卡，在“文本”工具组中单击“艺术字”按钮，即可出现可选择 Word 内置的艺术字样式（主要是字符轮廓、填充效果、阴影等），如图 2－62 所示。

②选择点击“填充－橄榄色，强调文字颜色 3，粉状棱台”，文档中即插入含有所选择的艺术字样式的默认文本“请在此放置您的文字”的文本框，功能区增加“绘图工具”选项卡，如图 2－63 所示。

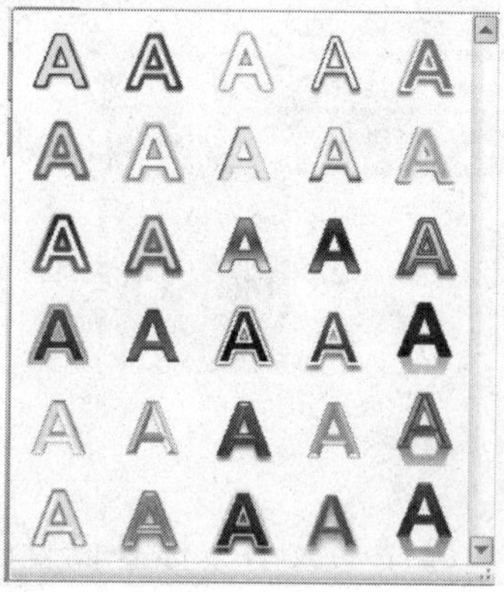

图 2－62 Word 2010 内置的艺术字

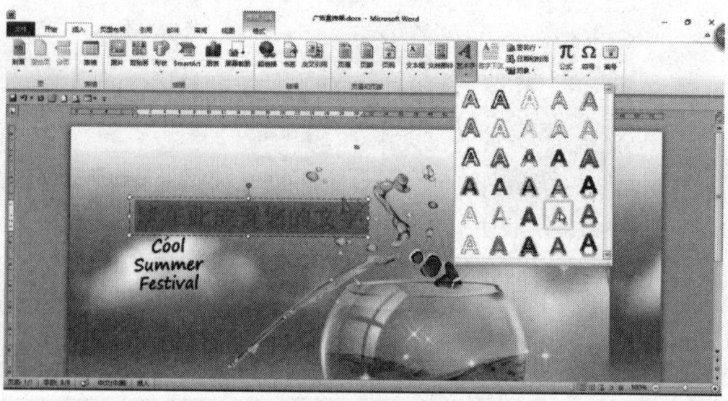

图 2－63 插入艺术字文本框

③在文本框中将默认文字修改为“冰爽一夏”，在“艺术字样式”组中，单击“文本填充”按钮，把主题颜色更改为“白色，背景 1”；单击“文本轮廓”按钮，把主题颜色更改为“白色，背景 1”；单击“文本效果”按钮，分别设置阴影、映像、发光、棱台、三维旋转、转换等，如图 2－64 所示。拖动文本框到合适的位置。

图 2－64　插入艺术字效果

活动 3　插入图片、文本框和自选图形

在 Word 文档中可插入来自照相机等外部设备的图片，也可以插入 Word 自带的剪贴画，还可以借助 Word 自带的文本框和自选图形来编辑和设置文本。

3.1　插入并设置图片

在“广告宣传单”中插入来自外部设备的图片“口渴了”，操作步骤如活动 1“插入图片”方式设置背景，图片插入完毕后还可以设置图片的效果。例如，为了使版面显得活泼，可对图片进行适当角度的旋转，打开“格式”功能选项卡，单击“旋转”下拉菜单，在弹出的快捷菜单中即可看到 Word 内置的旋转图片的方式，如图 2－65 所示。或者单击选中图片，即可看到图片上出现一个绿色的手柄，如果对图片的旋转角度没有精确要求，可以使用旋转手柄旋转图片，如图 2－66 所示。把鼠标指针移动到旋转手柄上，当光标变为旋转箭头形状时，按住鼠标左键顺时针或逆时针方向旋转图片即可。

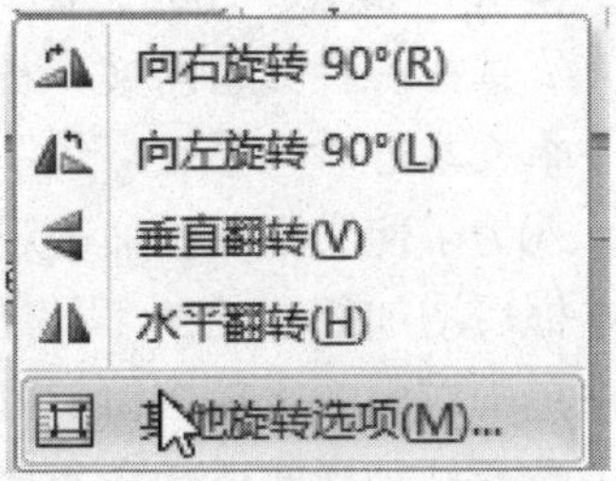

图 2－65　Word 内置旋转方式

图 2－66　图片旋转手柄

为了使插入的图片具有立体感，还可以为图片添加阴影等效果。选中图片后，在“格式”功能选项卡中，单击“图片效果”按钮，即可看到阴影、映像、发光、棱台、三维旋转等效果。

还可以单击“图片边框”按钮，为图片设置边框，如图 2－67 所示

图 2－67　为图片设置阴影和边框效果

3.2　插入并设置文本框

使用文本框可以在一页中放置数个文字块，或是文字按与文档中其他文字不同的方向排列。插入文本框的操作步骤如下：

①在“广告宣传单”文档中将光标定位在要插入文本框的位置，打开“插入”功能选项卡，选择“文本”工具栏组中的“文本框”按钮，可以看到一些内置的文本框样式模板，如图 2－68 所示。

②选择一种类型的文本框，或者选择“绘制文本框”命令，在文档中拖动鼠标绘制一个文本框。

③为了使文本框更加美观，可以应用 Word 2010 中内置的文本框样式。打开添加了文本框后增加的“绘图工具选项卡”下的“格式”功能选项卡，在“形状样式”工具组中单击右侧的下拉按钮，可以看到 Word 2010 内置的各种文本框样式，如图 2－69 所示。选择某种样式后，在文档中可以看到应用样式后的文本框效果。

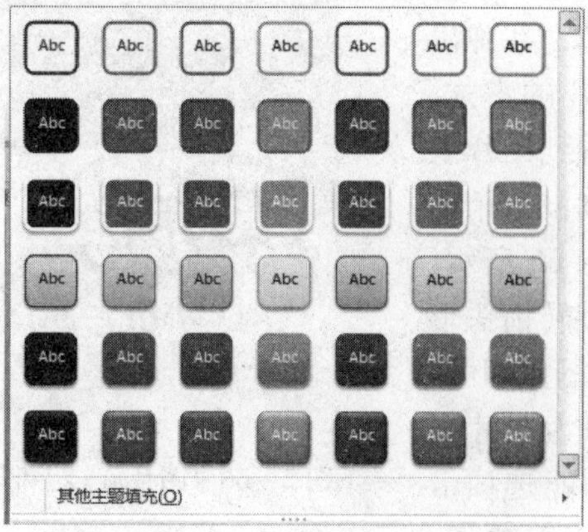

图 2－68　Word 2010 内置的文本框

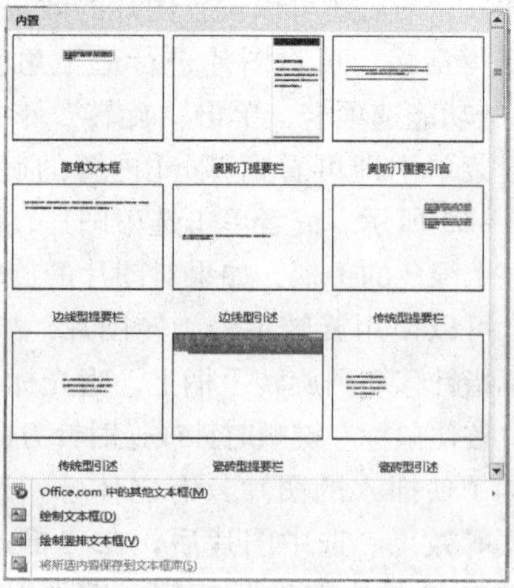

图 2－69　文本框样式

④和图片一样，可以为文本框设置阴影、映像、发光、棱台、三维旋转等效果。

⑤设置完毕，就可以在文本框中编辑文本了。

3.3 插入自选图形

自选图形是指用户自行绘制的线条和形状，还可以直接使用 Word 2010 提供的线条、箭头、流程图、星星等形状组合成更加复杂的形状。在“广告宣传单”文档中插入自选图形的操作步骤如下：

①切换到“插入”功能选项卡，在“插图”工具组中单击“形状”按钮，即可打开形状面板，如图 2－70 所示。

②单击需要绘制的形状（如“圆角矩形”），将鼠标指针（变为实心十字）移动到文档中要插入图形的位置，按下左键拖动鼠标即可绘制椭圆形。如果在释放鼠标左键以前按下 Shift 键，则可以成比例绘制形状；如果按住 Ctrl 键，则可以在两个相反方向同时改变形状大小。将图形大小调整至合适大小后，释放鼠标左键完成自选图形的绘制，如图 2－71 所示。

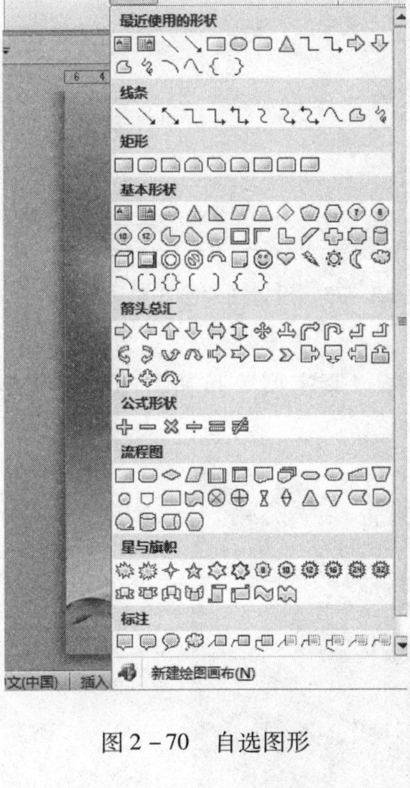

图 2－70 自选图形

图 2－71 拖动鼠标绘制图形

③在“格式”功能性选项卡下的“形状样式”工具组中，可以设置插入图形的样式、效果等。

④可以在自选图形中输入文本内容。选中绘制的自选图形，单击鼠标右键，在弹出的快捷菜单中选择“添加文字”命令，即可使图形处于可编辑状态，可以在其中编辑相应的文本。

活动4　产品宣传单图文混编

在编辑 Word 文档过程中，图文混排技术是常见的一类操作，却具有十分重要的意义和作用，掌握图文混排技术也是 Word 操作必备之技能。合理的图文混排操作往往能使文档表现更有特色，同时使人读起来更易于理解。

①在“广告宣传单”文档中插入有企业品牌 Logo 的图片，并输入企业联系的信息，如图 2－72 所示。

②右键点击插入的图片，在弹出的右键菜单中选择“设置图片格式”命令，即可打开“设置图片格式”对话框，如图 2－73 所示。

图 2－72　插入图片并输入文字

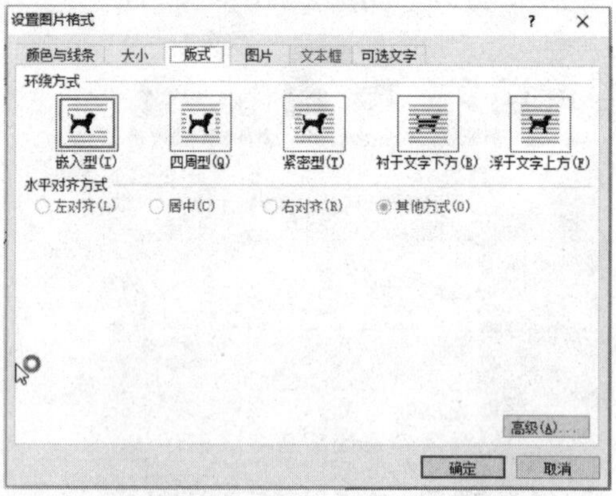

图 2－73　设置图片格式对话框

③打开“版式”选项卡，在“环绕方式”栏中选择“紧密型”按钮，即可将文字排列在图片的右侧，如图 2－74 所示。

图 2－74　设置图片环绕效果

任务四　制作投标书

【任务目标】

掌握应用文档格式和样式的方法

熟悉添加页眉、页脚和页码的方法

熟悉编制和更新目录的方法

【任务导入】

A 公司为争取客户，准备参加客户组织的公开招标，在认真分析了招标文件中的要求后，准备开始着手编写投标书。张君负责本次工作，如何制作一份内容格式符合要求的投标书呢？

【任务分析】

投标书又叫标书、标函，指投标人根据招标公告以及其他招标文件（如：招标单位要求、投标人须知等）的条件和要求而制作的递送给招标单位的文书。投标书主要由标题，正文（开头。主体），落款三部分组成。

1. 标题。可由项目名称和文种构成，如“××宿舍建筑工程投标书”；可由投标单位名称和文种构成；也可只写文种名称。

2. 主送单位。即对招标单位的称呼。

3. 正文。

开头。简要介绍投标人的基本情况，并表明投标的意愿。例如单位名称、法人代表、隶属关系、营业执照及资格证书、单位目前人员结构、固定资产、流动资金、设备、技术力量、单位生产经营绩等。要求简明扼要、重点突出。

主体。主要包括三个方面的内容：一是具体写明投标项目的指标；二是实现各项指标、完成任务的具体措施；三是对招标单位提出希望配合与支持的要求。例如工程项目承包投标书主要包括以下内容：标书综合说明；标价；工程质量达到的等级和保证质量；安全的主要措施；工程进度安排；主要施工方法和选用的施工设备等。

4. 落款。投标者名称（加盖印章）、地址、电话、邮编等。

投标书包含的内容较多，可能需要有图标等辅助说明，为了给对方留下较好的印象，标题、正文等内容要格式统一、规范。此外，一份完整的投标书还必须有简洁、美观的封面和目录。

范例如图 2－75 所示。

活动 1　用 Word 样式快速设置投标书格式

投标书中涉及的内容很多，在编辑过程中需要对各部分的格式进行调整，这时可以应用 Word 的样式功能。Word 中的样式是指事先保存的字符格式和段落格式的集合，是 Microsoft Office Word 中的重要功能，可以帮助用户快速格式化 Word 文档。在编排重复格式时，先创建一个该格式的样式，然后在需要的地方套用这种样式，就无须一次次地对它们进行重复的格式化操作了。特别是在长文档的编辑过程中，样式的使用能使文档编辑更加规范和更有效率。

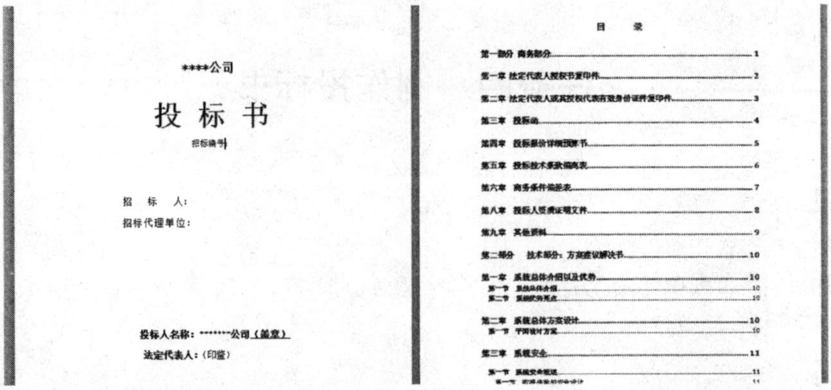

图 2-75 投标书范例

1.1 应用 Word 样式

在“开始”功能选项卡下的“样式”组中，可以看到 Word 自带的样式列表，如图 2-76 所示。选中应用样式的文本，在样式下拉列表中选择其中一个，即可将选中的文本格式（包括字体、字号、段落等）变为样式预先设置的格式。

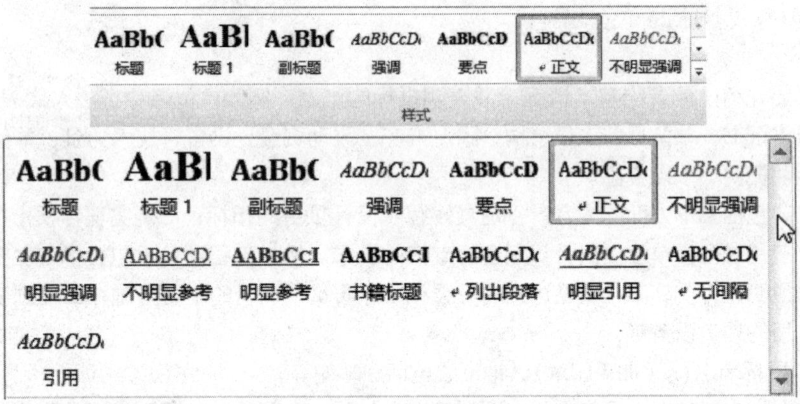

图 2-76 应用样式

选择样式图标点击右键，在弹出菜单中选择修改，可以查看选中样式的格式，并对样式进行修改，如图 2-77 所示。

1.2 设置投标书其他样式

通常我们在编辑时，会有一些特别的格式要求。在使用“样式”前，必须先搞清楚投保书的格式要求。

投标书统一用 Word 排版，A4 纸打印。严格按照标准打印格式的字型字号，正文用小四宋，行距 20 磅，一级标题用小三黑体，二级标题用四号黑体，三级标题用小四号黑体，四级标题用小四号楷体，均靠左边顶排；标题与标题之间不空行，标题与上段正文之间空一行，关键词用小四号黑体，参考文献用五号宋体；图、表和正文之间空一行，图、表名用五号黑体，图表内容用五号宋体。

首先，按标书内容录入标书正文（可以不设置各部分格式），如图 2－78 所示。

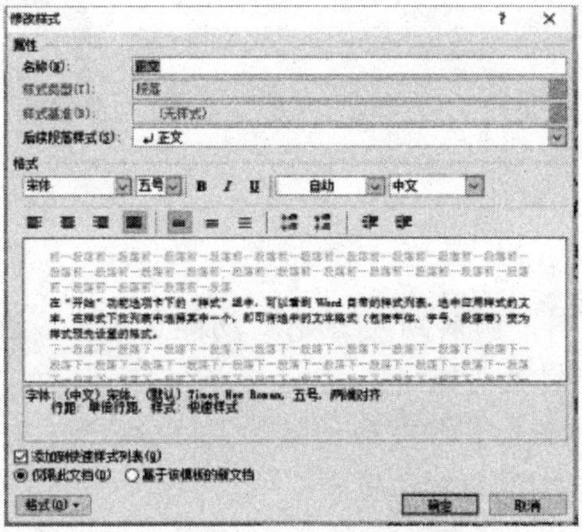

图 2－77　样式的修改

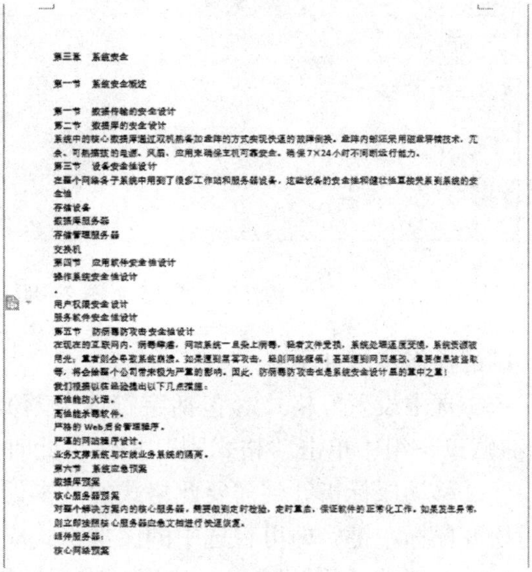

图 2－78　标书内容

录入完毕之后，进行文档级别设置（为了文档编辑更加高效，文档级别设置非常重要）。切换到“大纲视图”进行文档级别设置。依次对一级标题、二级标题、正文进行设置，如图 2－79 所示。

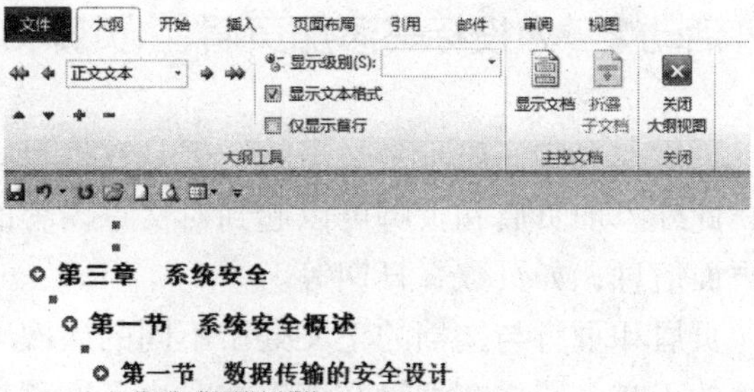

图 2－79　设置文档级别

根据招标书的要求，对标题和正文格式进行修改，如图 2－80 所示。

样式设置完毕，Word 会自动对设置好的文档级别应用相应样式。

扩展应用

在 Word 文档中还可以应用格式刷将指定段落或文本的格式沿用到其他段落或文本上，可避免重复设置，大大减少了排版的重复劳动。格式刷位于“开始”功能选项卡的“剪贴板”组中，就是一把“ ”。使用格

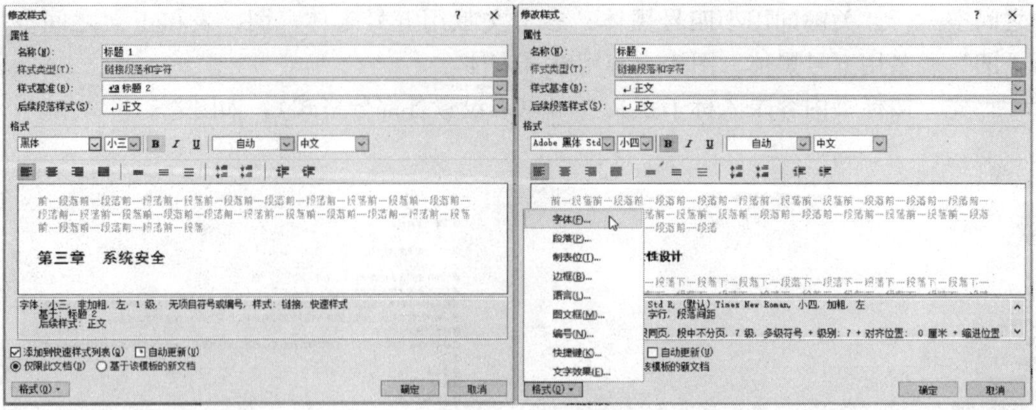

图 2 - 80　修改样式

式刷的操作步骤如下：

①选中设置好格式（包括字符或段落）的文本，切换到“开始”功能选项卡，在“剪贴板”组中单击“格式刷”按钮，此时鼠标指针变为刷子。

②移动鼠标指针到需要此格式的文本处，按住鼠标左键并拖动鼠标到目标位置，然后松开鼠标左键，即可将选中的文本格式应用到选中的目标位置。

单击“格式刷”按钮，使用一次后，按钮将自动弹起，不能重复使用，如果要连续使用，可双击“格式刷”按钮，即可在文本中多次应用格式刷，如要停止使用，可按键盘上的“Esc”键，或者再次单击“格式刷”即可。

活动 2　为投标书添加页眉、页脚和页码

页眉和页脚一般不是必需的，但是在编辑好的文档中设置好页眉、页脚会显得更美观，此外添加页眉和页脚可以起到对文章内容的补充说明、注释的作用，还可以用来记录页面信息，如页数、日期等。

页眉和页脚与文档的正文处于不同的层次上，因此，在编辑页眉和页脚时不能编辑文档的正文，同样在编辑文档正文时也不能编辑页眉和页脚。

2.1　添加并设置页眉页脚

在 Word 文档中，页眉和页脚一般对应着每个页面的顶部区域和底部区域。在 Word 文档中添加页眉、页脚的步骤如下：

①插入页眉、页脚的方式。鼠标定位到要插入页眉和页脚的页面，将光标定位到当前页的顶部区域或底部区域，通过双击鼠标左键的方式打开页眉、页脚编辑命令。

或者单击打开“插入”功能选项卡，选择其中的“页眉和页脚”组，如图 2 - 81 所示。

②选择单击“页眉”或“页脚”下拉按钮，在弹出的菜单中即可看到 Word 2010 中自带的页眉格式或页脚格式。

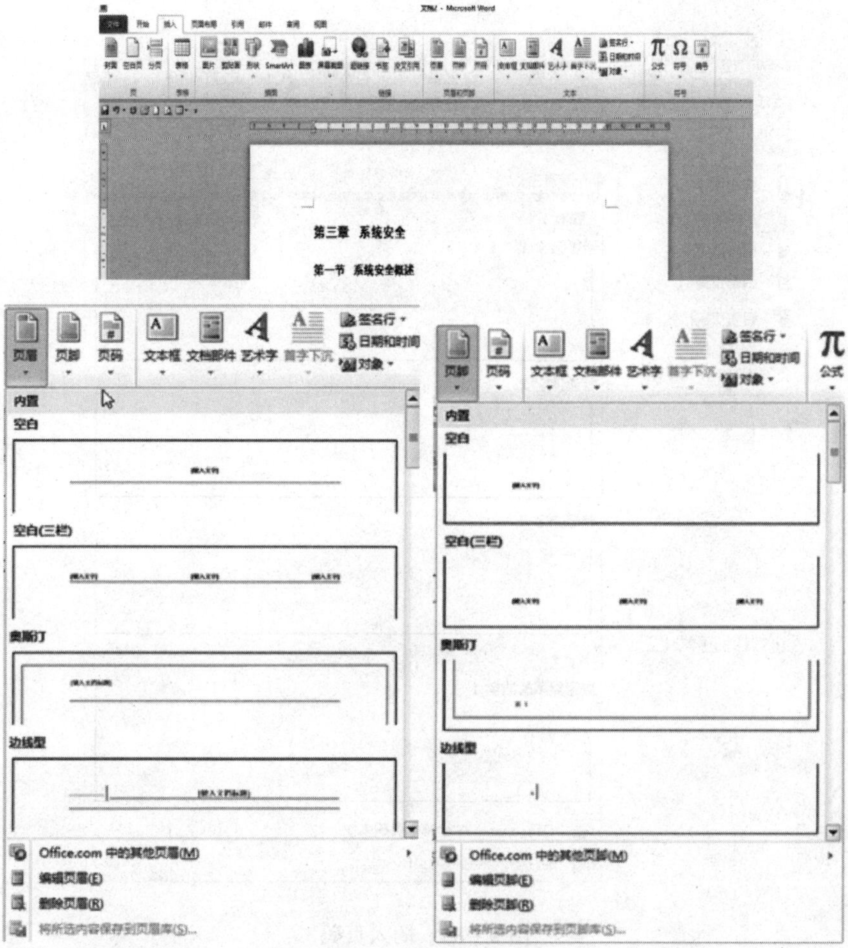

图 2－81　插入页眉和页脚

③选择相应的格式后，在页眉的部分输入“××公司”字样，在页脚的部分可输入“招标文件”，如图 2－82 所示，并可设置字体和段落格式。

④还可以在页眉、页脚中插入图片，在编辑“页眉页脚”状态下，点击“设计”功能选项卡，单击“插入”组中的“图片”按钮，打开“插入图片”对话框，选择需要插入的图片，即可在页眉或页脚中插入所选择的图片，并可通过鼠标设置图片大小。

⑤添加页码。单击“页眉和页脚”组中的“页码”按钮，在弹出的菜单中选择插入页码的位置“页面底端”，即可看到 Word 2010 中自带的页码格式，如图 2－83 所示。选择其中一种页码格式后，可看到文本中页脚部分插入相应格式的页码。

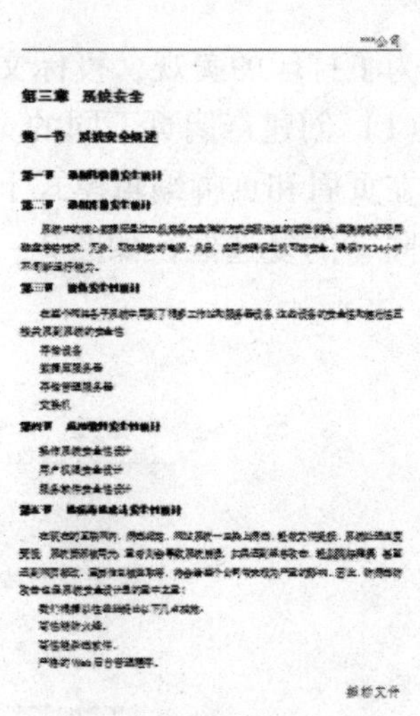

图 2－82　添加页眉和页脚

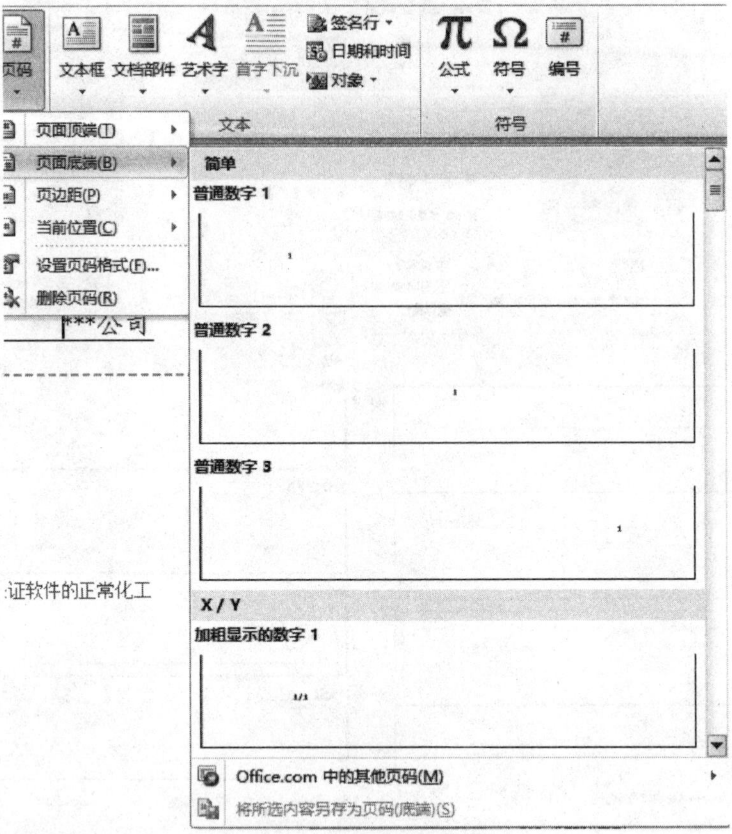

图 2－83　插入页码

2.2　创建不同风格的页眉、页脚

为了打印的美观，投标文件页面设置不一样的页眉、页脚。

（1）创建奇偶页不同的页眉

在页眉和页脚编辑模式下，在“选项”功能选项卡中单击选择“奇偶页不同”“首页不同”的复选框，如图 2－84 所示。

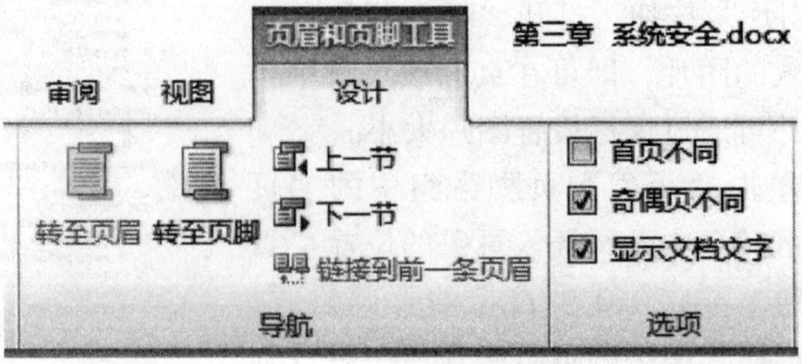

图 2－84　页眉、页脚奇偶页不同

选择“奇偶页不同”后，文档的奇偶页的页眉部分会出现“奇数页页眉”“偶数页页眉”，可以在文档的奇数页和偶数页输入不同格式或内容的页眉，如图 2-85 所示。

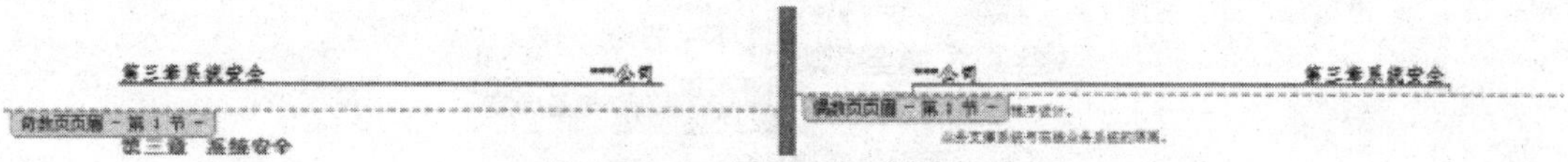

图 2-85　奇偶页页眉

创建奇偶页不同的页眉、首页不同的页眉、页脚的方法基本与创建奇偶页不同的页眉的方法相同。

（2）创建不同的页眉、页脚

投标书分为不同的部分，为了方便阅读，可以为前后两个不同的章节内容创建不同的页眉、页脚，步骤如下：

第一步，鼠标定位在前一章节结束，后一章节开始的部分，单击打开“页面布局”功能选项卡，在“页面设置”组中单击“分隔符”，在出现的下拉菜单中选择“分节符——下一页”（不能直接选择“分页符”）。

插入下一页分节符后，页眉、页脚的编辑状态如图 2-86 所示，在分节符的位置，文档被分成了 2 节，并且在第二节出现“与上一节相同”。

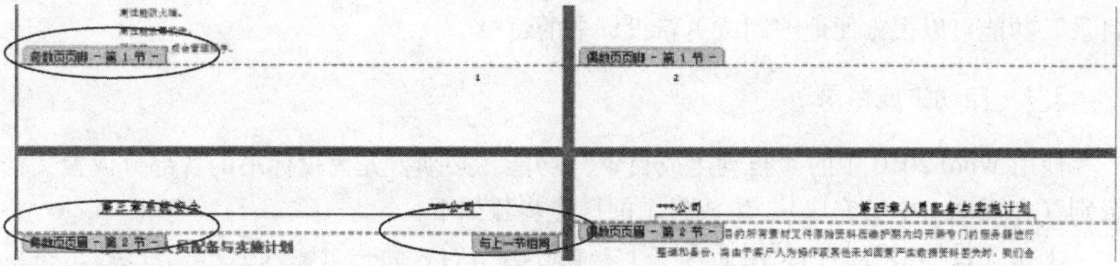

图 2-86　插入分节符的页面

第二步，前后两节设置不同的页眉、页脚时，首先要取消“设计”功能选项卡下“导航”组中的“链接到前一条页眉（页脚）”，如图 2-87 所示。

第三步，为不同节输入不一样的页眉、页脚。如投标书第三章的页眉中输入“第三章系统安全”，第四章的页眉输入“第四章人员配备与实施计划”。

页眉、页脚设置完毕，点击“页眉和页脚工具”中“设计”选项卡下的关闭按钮“”，或者双击文档正文区域任意位置，即可关闭“页眉和页脚”。

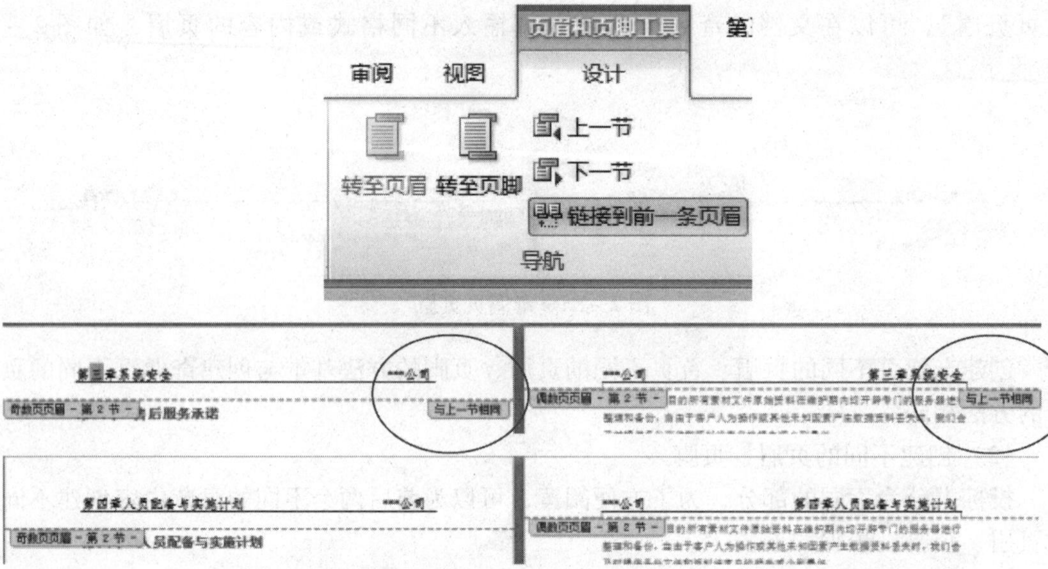

图 2－87　取消页眉、页脚链接到前一条

活动 3　编制和更新投标书目录

为了方便阅读，通常要给投标书编制一个目录。使用 Word 2010 提供的“自动生成目录”功能可以很方便地编制或更新投标书的目录。

3.1　自动生成目录

使用 Word 2010 中的“自动生成目录”功能，必须首先为投标书的各部分设置文档级别（在活动 1 中已完成）。生成目录的操作步骤如下：

①在“投标书”封面页尾插入“下一页”分节符，新一页输入标题“目录”，将鼠标光标定位在“目录”后面，单击打开“引用”功能选项卡，如图 2－88 所示。

②在“目录”组中单击“目录”下拉按钮，在弹出的菜单中可以看到 Word 2010 内置的目录，如图 2－89 所示。在其中选择一种目录格式，即可生成投标书的目录，如图 2－90 所示。

③Word 内置的目录只能生成包含三级标题的目录，如果需要显示多级标题，需要插入目录。在“目录”组中单击“目录”下拉按钮，弹出“插入目录”命令，即可打开“目录”对话框。在对话框中可以选择目录的格式：显示级别，如果要设置目录选项，可以单击“选项”按钮，打开“目录选项”对话框，如图 2－91 所示。

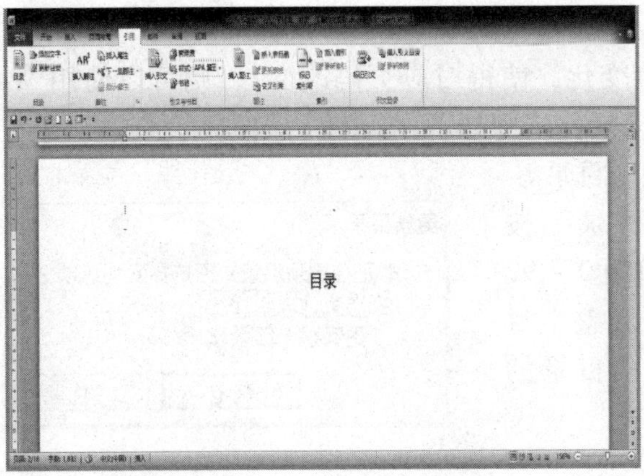

图 2－88　“引用”功能选项卡

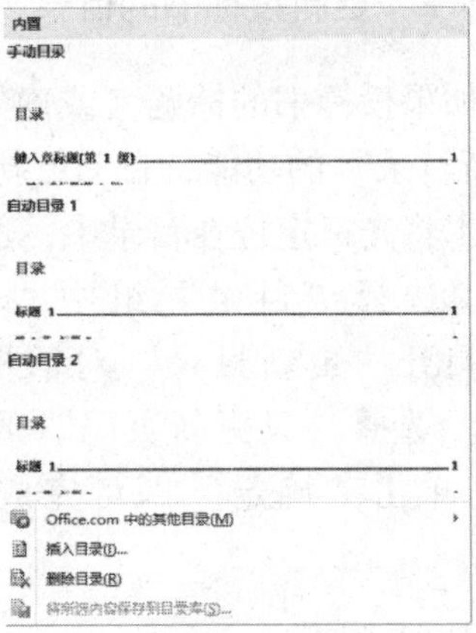

图 2－89　Word 内置目录

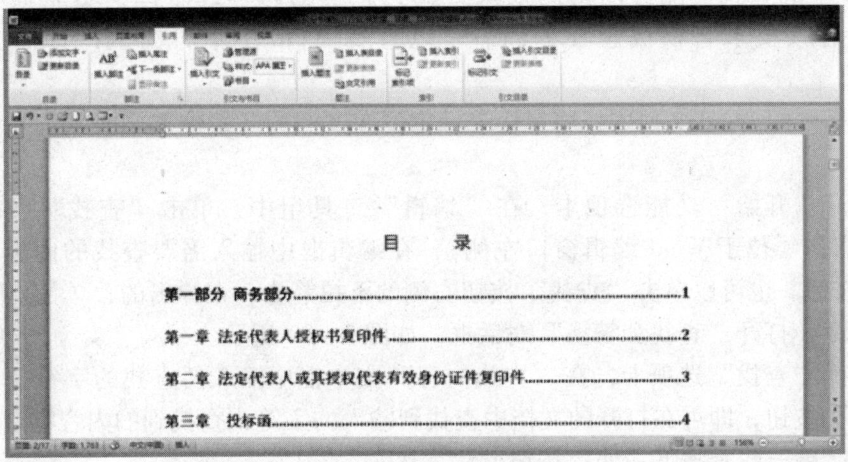

图 2－90　生成的目录

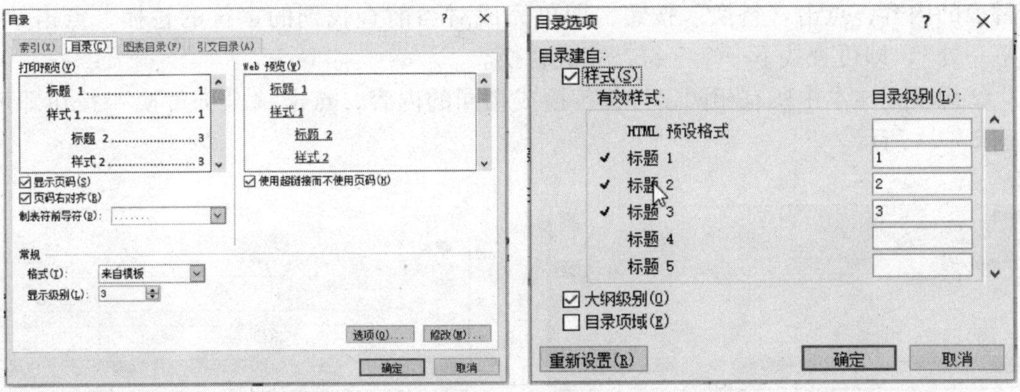

图 2－91　“目录”和“目录选项”对话框

3.2 更新投标书的目录

如果投标书的标题（或内容发生变化，使得对应页码改变），则可以使用 Word 的“更新目录”的功能，自动更新目录。操作步骤如下：

①将光标定位在目录中，选中整个目录。

②选择“目录”组中“更新目录”按钮，打开“更新目录”对话框，如图 2－92 所示。选择“只更新页码”或“更新整个目录”，单击“确定”即可完成对文档目录的更新。

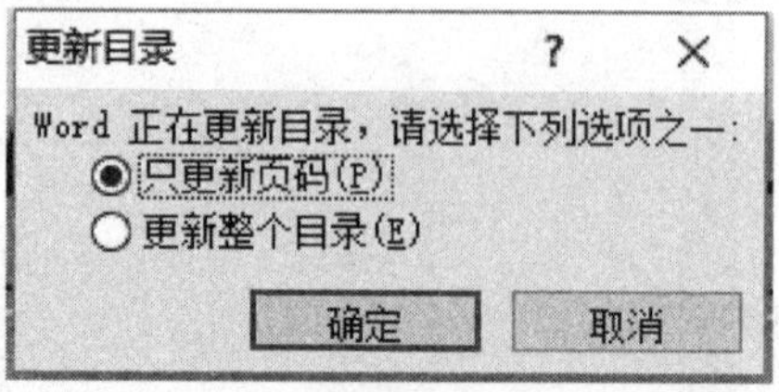

图 2－92 “更新目录”对话框

扩展应用

（1）查找与替换

Word 中的查找功能可以帮助很快查找到想要的内容，而替换功能则可以把查找到的内容按要求替换成想要的内容。以查找 Word 中字符为例，具体操作步骤如下：

①在打开的 Word 文档中，将鼠标光标定位在文档的开始位置（查找时从文档开头开始）。

②打开“开始”功能选项卡，在“编辑”工具组中，单击“查找”按钮，打开“导航”窗格（位于 Word 编辑窗口左侧），在编辑框中输入需要查找的内容，并单击“搜索”按钮。也可以单击“查找”按钮右侧的下拉箭头，在弹出的菜单中点击“高级查找”命令，打开“查找和替换”对话框，如图 2－93 所示。

③选择“查找”选项卡，在“查找内容”文本框中输入要查找的字符，单击“查找下一处”按钮，即可在打开的文档中查找到输入的字符，查找到的内容将以蓝色矩形底色表示，单击“查找下一处”按钮继续查找。

想要把文档中的字符替换成想要的内容，可按以下步骤操作：

①在“查找和替换”对话框中点击“替换”选项卡，在“替换为”文本框中输入要替换的内容，点击“替换”按钮，即可完成对当前查找到的字符的替换，点击“查找下一处”，即可查找下一个字符，完成替换。

②想要把文本中所有相同字符都替换成相同的内容，点击“全部替换”按钮即可，如图 2－94 所示。

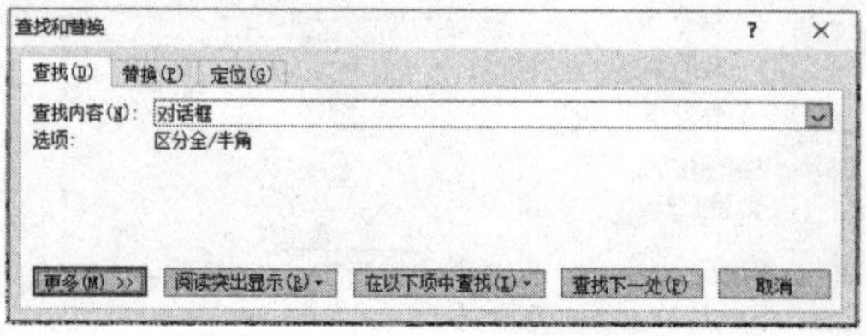

图 2－93 查找和替换对话框

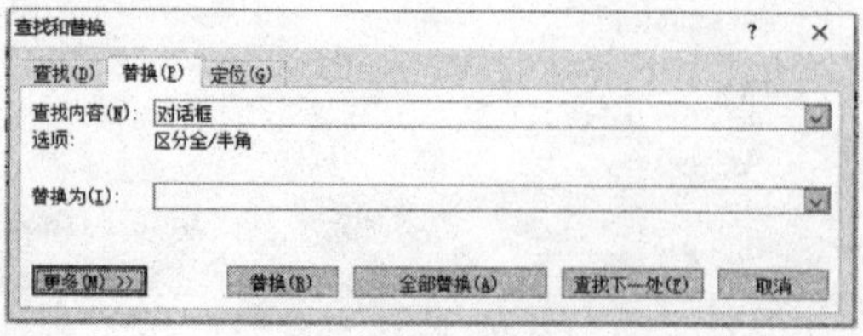

图 2－94 替换

使用 Word 2010 的查找和替换功能，不仅可以查找和替换字符，还可以查找和替换字符格式（例如查找或替换字体、字号、字体颜色等格式）。在打开的“查找和替换”对话框中单击“更多”按钮，以显示更多的查找选项，如图 2－95 所示。

在打开的格式菜单中单击相应的格式类型，例如，“字符”按钮，即可打开“查找字体对话框”，如图 2－96 所示。

【思考】利用 Word 的查找与替换功能能否把文本替换成图片？

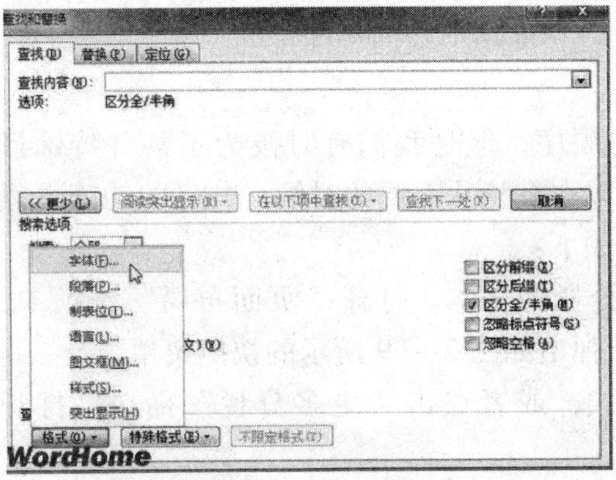

图 2－95　查找更多

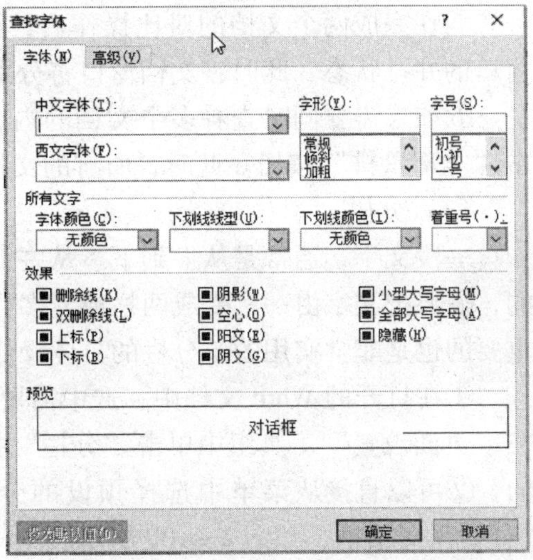

图 2－96　查找字体对话框

（2）并排查看窗口

在使用 Word 2010 编辑文档的过程中，如果同时打开了多个文档窗口，则可以进行并排查看窗口和全部重排窗口，从而可以对多个窗口中的内容进行比较，操作步骤如下：

①打开两个或两个以上 Word 2010 文档窗口（必须是同一软件而且同一版本）。

②在当前文档中，打开“视图”功能选项卡，在“窗口”工具组中单击“并排查看”按钮（当打开一个文档时，此按钮是灰色，无法操作），如图 2－97 所示。

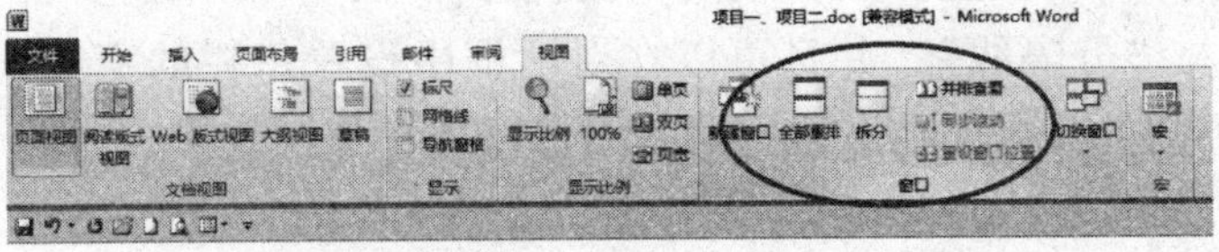

图 2－97　视频选项卡

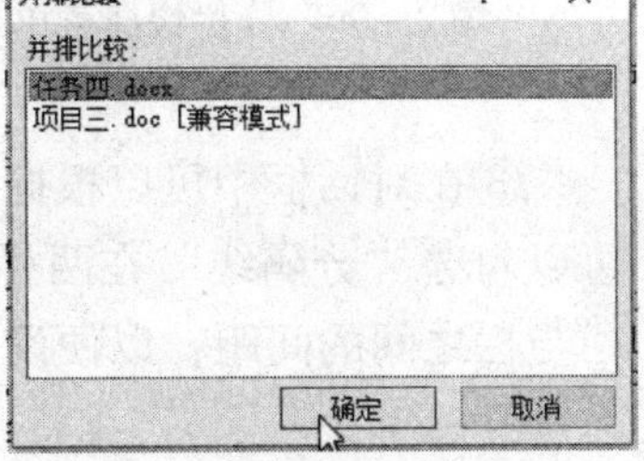

图 2－98　并列比较对话框

③如果打开的是两个文档，则点击“并排查看”后软件会把两个文档均分到计算机屏幕，如果打开两个以上窗口，点击“并排查看”后会出现“并排比较”对话框，在“并排比较”列表框中选择需要与当前文档进行并排比较的文档后单击“确定”按钮，如图 2－98 所示。此时，两个文档将在屏幕上并排显示。

④在并排查看状态下，“视图”选项卡中的“同步滚动”按钮默认处于按下状态，此时拖动某个窗口中垂直滚动条上的滑块浏览文档时，另一个窗口中的文档会同步滚动。单击该按钮取消其按下状态将取消同步滚动功能。

⑤在完成两个文档的对比操作后，再次单击功能区中的“并排查看”按钮将取消窗口的并排状态。此时，文档窗口将分别恢复到原始大小。

⑥如果需要同时查看多个文档的内容，可以在“视图”选项卡的“窗口”组中单击“全部重排”按钮。此时，所有的文档窗口将在屏幕上横向平铺排列。

（3）分栏

一段文字，通常是从上到下、从左到右的顺序，但是我们有时候为了某种特殊目的，需要把文字由一栏变成两栏或者多栏，所以在有特殊需要的时候，分栏的功能是很重要的也是非常实用的。分栏的具体操作步骤如下：

①在打开的 Word 文档中，选中需要设置分栏的文本。打开“页面布局”选项卡，在“页面设置”工具组中单击“分栏”按钮，弹出如图 2－99 所示的快捷菜单。

②可以直接从菜单中选择预设的分栏方式，或者点击“更多分栏”命令，打开“分栏”对话框，如图 2－100 所示。

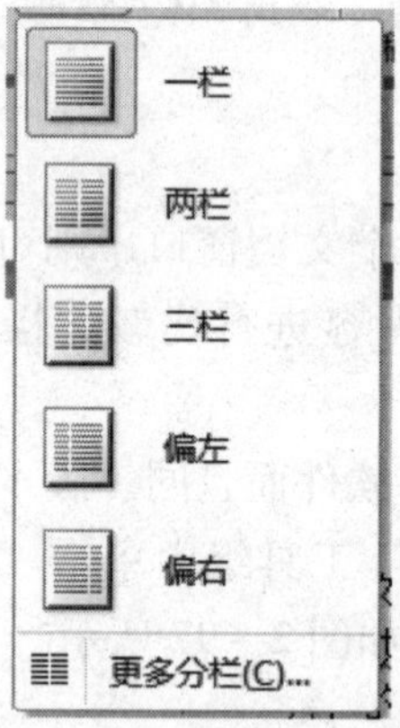

图 2－99　分栏快捷菜单

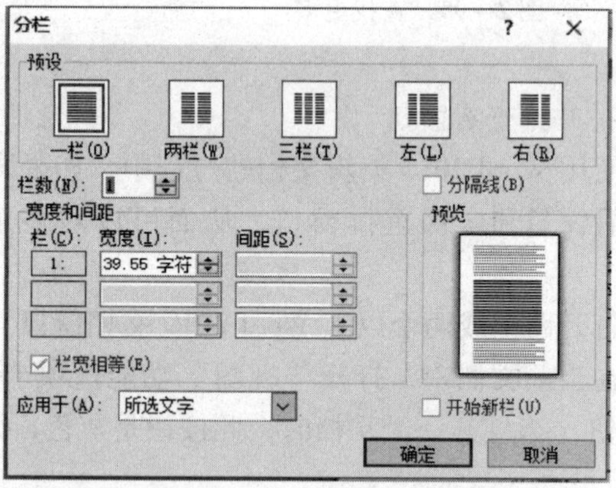

图 2－100　分栏对话框

③在对话框中可以根据需要来分栏，设置栏数（最高可设置为 11 栏），如果需要还可以勾选“分隔线”在两栏间插入“分隔线”，并且可以在对话框中设置每栏的宽度，栏与栏之间的间距，以便设置出不同的效果。在右边的预览中可以查看分栏效果，如图 2－101 所示。

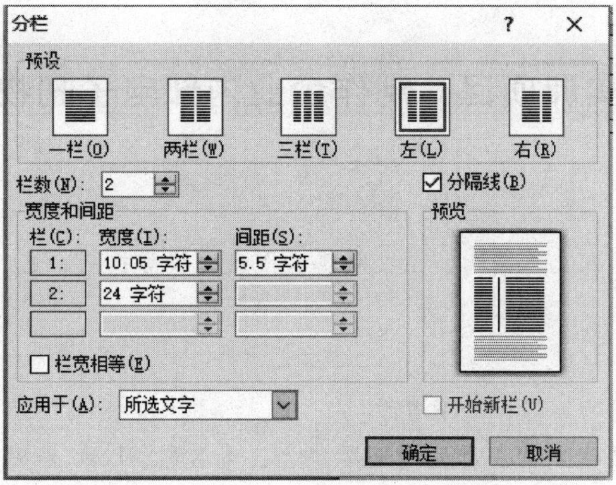
分栏
预设
一栏(O)
两栏(W)
三栏(T)
左(L)
右(R)
栏数(N): 2
分隔线(B)
宽度和间距
预览
栏(C): 宽度(I): 间距(S):
1: 10.05 字符 5.5 字符
2: 24 字符
栏宽相等(E)
应用于(A): 所选文字
开始新栏(U)
确定
取消

图 2－101　分栏设置

实训项目 制作企业内部电子刊物

【实训目标】

运用本项目介绍的文本编辑、图文编辑、图表编辑等技巧，自作一份图文并茂的电子刊物。

【实训要求】

制作出的电子刊物要符合以下要求：

1. 电子刊物需要有封面，并且封面要包含公司名称、Logo等突出公司特点的内容。
2. 正文部分包括公司简介、主要业务、产品信息、行业资讯、员工工作、生活介绍等内容。
3. 为方便阅读，电子刊物要创建目录，添加页眉和页脚，插入各部分章节标题。
4. 电子刊物要求版式美观、各种元素搭配恰当，内容生动活泼、图文并茂、直观生动。

【实训内容】

1. 文字、段落格式设置
2. 图片的插入和设置
3. 目录、页眉、页脚的设置
4. 图文混编

项目三

Excel 数据处理及应用

任务一　制作公司出入库统计表

【任务目标】

- 熟悉 Excel 2010 的基本功能和窗口布局
- 掌握工作表行高、列宽的调整操作
- 掌握工作表数据的编辑录入
- 掌握“设置单元格格式”对话框的使用
- 掌握工作表的基本操作
- 掌握数据有效性设置
- 掌握合并计算操作

【任务引入】

科源有限公司为了统计 2 个库房 5 月份各个产品品种的数量变化情况，需要制作出入库统计表，详细统计公司一个月来的进货、销货、存货情况，制作完毕后打印，交由仓库部门主管、财务会计、仓库管理员等签字。

【任务分析】

本任务通过制作一份统计表介绍 Excel 2010 工作表数据录入编辑的常用操作。通过本任务的学习，可以熟悉 Excel 2010 的窗口和制作 Excel 工作表的基本操作。

范例如图 3－1 所示。

要求如下：

1. 工作簿中包含 3 个工作表“1 号库房出、入库明细”“2 号库房出、入库明细”“汇总表”。
2. 库房出、入库明细工作表中需包含“编号”“入库/出库”“日期”“产品品种”“产品名称”“规格”“数量”“录入员代码”等字段。
3. 任务中需要对每个工作表页面进行设置（页边距：上：2.5 厘米，下：2.5 厘米，左：2.8 厘米，右：2.8 厘米，纸张大小：A4，方向横向）
4. 各字段数据的录入，尽可能采用快速、便捷的方式。

科源有限公司1号库房出、入库明细表

统计日期		2017	年	5	月			
仓库主管			财务主管			仓库管理员		
编号	入库/出库	日期	产品品种	产品名称	规格	数量	录入员代码	备注
NO-1-0001	入库	2017/5/7	计算机	华硕	F85v 笔记本	3	111	
NO-1-0002	出库	2017/5/7	数码相机	尼康	S550	10	111	
NO-1-0003	入库	2017/5/8	手机	诺基亚	N95	508	112	
NO-1-0004	入库	2017/5/8	数码相机	佳能	A650 IS	5	111	
NO-1-0005	入库	2017/5/8	手机	三星	E848	4	113	
NO-1-0006	出库	2017/5/9	手机	多普达	P660	6	112	
NO-1-0007	出库	2017/5/10	计算机	DELL	1200笔记本	3	111	
NO-1-0008	入库	2017/5/12	数码摄像机	索尼	SR65E	1	111	
NO-1-0009	入库	2017/5/12	数码相机	索尼	W150	2	113	
NO-1-0010	出库	2017/5/13	数码摄像机	JVC	GZ-MG130	5	113	
NO-1-0011	入库	2017/5/15	手机	诺基亚	5300	10	113	
NO-1-0012	出库	2017/5/20	数码相机	佳能	IXUS 90	8	111	
NO-1-0013	入库	2017/5/20	计算机	华硕	A8H237 笔记本	6	111	
NO-1-0014	出库	2017/5/20	数码相机	佳能	IXUS 960 IS	9	113	
NO-1-0015	入库	2017/5/21	移动硬盘	联想	奥运纪念款160G	10	112	
NO-1-0016	出库	2017/5/25	计算机	DELL	Vostor 200DT 台式机	20	112	
NO-1-0017	入库	2017/5/25	计算机	三星	R26 笔记本	5	113	
NO-1-0018	出库	2017/5/25	数码相机	尼康	S550	10	113	
NO-1-0019	入库	2017/5/25	手机	诺基亚	N81	10	113	
NO-1-0020	出库	2017/5/30	计算机	联想	F41A 笔记本	10	113	

1号库房出、入库明细 / 2号库房出、入库明细 / 汇总表

就绪

科源有限公司2号库房出、入库明细表

统计日期		2017	年	5	月			
仓库主管			财务主管			仓库管理员		
编号	入库/出库	日期	产品品种	产品名称	规格	数量	录入员代码	备注
NO-2-0001	入库	2017/5/7	计算机	华硕	F85v笔记本	10	211	
NO-2-0002	入库	2017/5/8	手机	尼康	S550	2	211	
NO-2-0003	入库	2017/5/8	计算机	诺基亚	N95	10	211	
NO-2-0004	出库	2017/5/8	手机	佳能	A650 IS	5	211	
NO-2-0005	出库	2017/5/9	手机	三星	E848	6	211	
NO-2-0006	入库	2017/5/9	计算机	多普达	P660	8	211	
NO-2-0007	出库	2017/5/10	数码相机	华硕	F85v笔记本	5	211	
NO-2-0008	入库	2017/5/10	手机	尼康	S550	7	211	
NO-2-0009	出库	2017/5/10	数码相机	诺基亚	N95	5	211	
NO-2-0010	入库	2017/5/12	计算机	佳能	A650 IS	10	211	
NO-2-0011	出库	2017/5/12	计算机	三星	E848	5	211	
NO-2-0012	入库	2017/5/12	计算机	多普达	P660	1	211	
NO-2-0013	出库	2017/5/12	数码相机	华硕	F85v笔记本	1	211	
NO-2-0014	入库	2017/5/20	手机	尼康	S550	2	211	
NO-2-0015	出库	2017/5/21	数码摄像机	诺基亚	N95	5	211	
NO-2-0016	入库	2017/5/22	计算机	佳能	A650 IS	1	211	
NO-2-0017	入库	2017/5/23	计算机	三星	E848	5	211	
NO-2-0018	出库	2017/5/25	数码摄像机	多普达	P660	6	211	
NO-2-0019	入库	2017/5/27	数码相机	华硕	F85v笔记本	1	211	
NO-2-0020	出库	2017/5/29	计算机	尼康	S550	5	211	

1号库房出、入库明细 / 2号库房出、入库明细 / 汇总表

就绪

图3-1 出入库统计表

活动1　熟悉 Excel 2010 工作界面

安装完 Office 2010（中文版）后，就可以启动 Excel 2010，进行相关操作。

双击桌面上的 Excel 图标，或者选择“开始 – 所有程序 – Microsoft Office – Microsoft Office Excel 2010”命令，即可打开 Excel 2010 窗口。

Excel 2010 各部分名称及功能如下：

第一次启动 Excel 2010 后，系统自动建立一个名为 Book1 的工作簿，供用户添加内容，如图 3 – 2 所示。窗口主要包括快速访问工具栏、选项卡、功能区、标题栏、单元格名称栏、编辑栏、列号、行号、滚动条、状态栏、视图按钮、缩放控件和工作表窗口等。Excel 2010 界面中各主要元素的说明如表 3 – 1 所示。

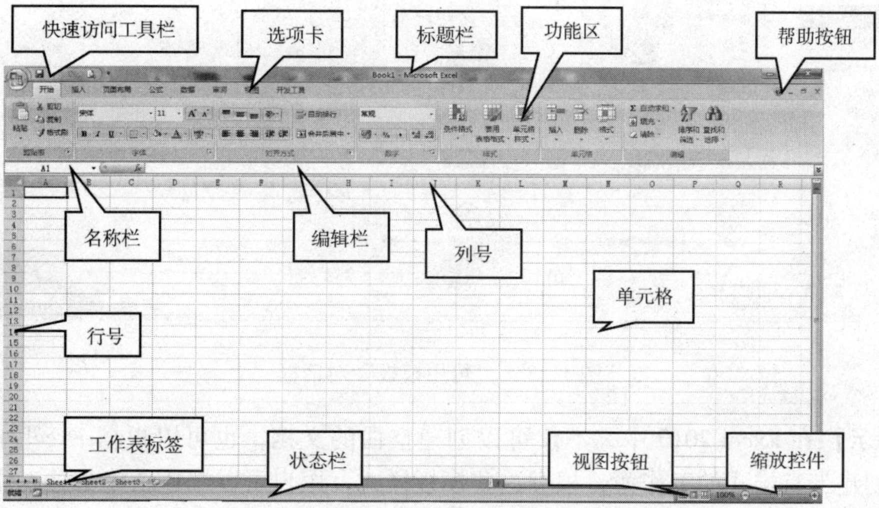

图 3 – 2　Excel 2010 界面组成

表 3 – 1　　Excel 2010 界面中各主要元素

名称	描述
快速访问工具栏	通过自定义来显示常用命令的工具栏
选项卡	通过单击不同的功能标签，可改变功能区的显示
功能区	用来对工作表或选中的区域进行操作或设置
标题栏	显示当前操作的工作簿的名称
帮助按钮	打开 Excel 帮助
名称栏	显示选中的单元格名称
编辑栏	显示所选单元格中的内容，也可在编辑栏中对所选单元格的内容进行修改
工作表标签	单击不同的标签，可选择对应的工作表进行操作
缩放控件	拖动滑块可改变显示比例
视图按钮	用于切换视图

活动2　创建和保存公司库存表

2.1　创建 Excel 2010 工作簿

在打开的 Excel 窗口选择“文件——新建——空白工作簿”，双击“空白工作簿”按钮，即可创建一个名为“工作簿1”的空白工作簿，如图3－3所示。

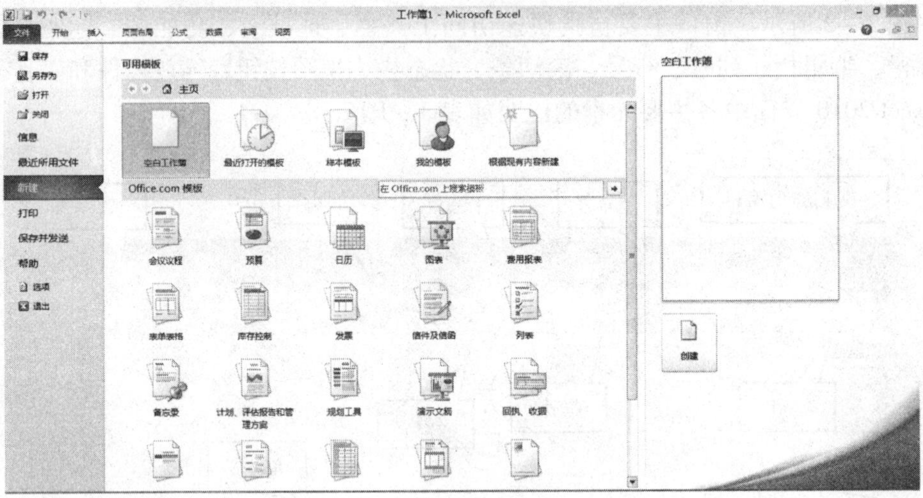

图3－3　“可用模板”对话框

【提示】在 Excel 2010 中，不仅可以创建空白的文档，也可以根据 Excel 中自带的模板，创建带有样式的工作簿，根据这些模板样式，用户可以快速新建各种工作簿。

2.2　保存 Excel 2010 工作簿

新创建的工作簿必须保存在电脑中，否则退出 Excel 2010 后，无法再次打开该工作簿。在创建的工作簿窗口，单击“文件”功能选项卡，在弹出的菜单中选择“另存为”命令，即打开“另存为”对话框，如图3－4所示。

在“另存为”对话框，“文件名”文本框中输入“××公司出入库统计表”，在“保存类型”中选择“Excel 工作簿（*.xlsx）”，然后选择需要保存的位置，单击“保存”按钮，即可实现工作簿的保存。

活动3　工作表的操作

新建立的工作簿默认有3个工作表，有时根据实际需要可以对工作表进行增减、重命名、复制、移动、隐藏和窗口分割等操作。

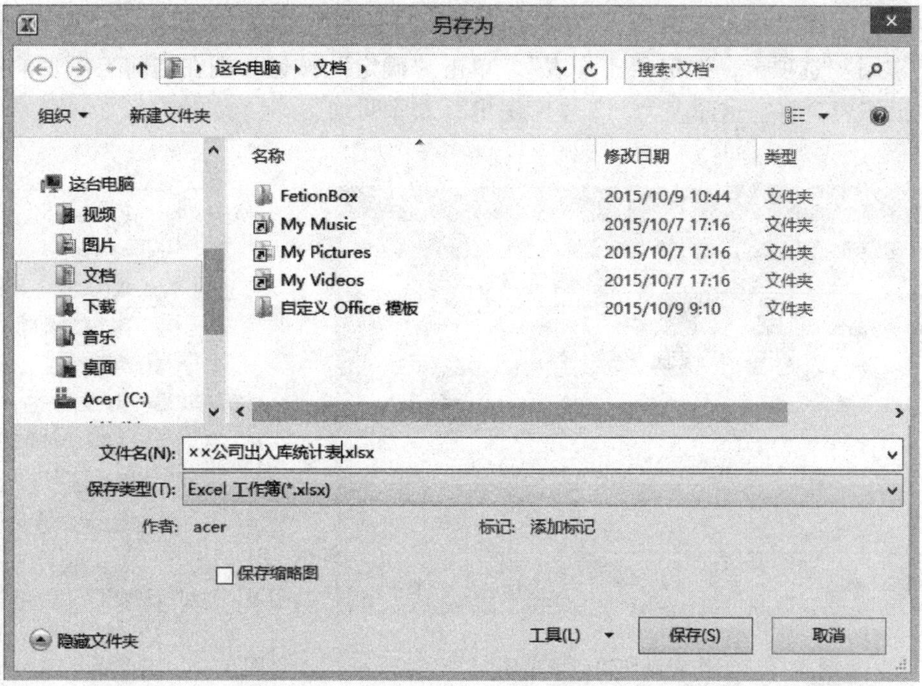

图 3－4　“另存为”对话框

3.1　重命名工作表

系统所默认的工作表名称为 Sheet1、Sheet2、Sheet3…，工作表名可以反映工作表的内容。如果要对默认工作表名称进行修改，就要进行重命名操作。

（1）重命名 Sheet1 工作表

鼠标右键单击工作表标签 Sheet1，打开如图 3－5 所示的快捷菜单，选择“重命名”命令，则工作表标签反相显示，输入新的名字“1 号库房出、入库明细”。

（2）重命名 Sheet2 工作表

鼠标右键单击工作表标签 Sheet2，在快捷菜单中，选择“重命名”命令，则工作表标签反相显示，输入新的名字“2 号库房出、入库明细”。

（3）重命名 Sheet3 工作表

鼠标右键单击工作表标签 Sheet3，在快捷菜单中，选择“重命名”命令，则工作表标签反相显示，输入新的名字“汇总表”。

说明：也可用鼠标左键双击要重命名的工作表标签，则工作表标签反相显示，输入新的名字。

3.2　插入工作表

若感觉系统默认提供的 3 个工作表不够用，可根据实际需要插入多个新的工作表，操作方法如下，选择其一即可：

方法一：在某一个工作表的标签右击鼠标，出现如图 3－5 所示的快捷菜单；在快捷菜单中，选择“插入”命令，打开“插入”对话框，如图 3－6 所示；在对话框中，单击“常用”选项卡，选定“工作表”，单击“确定”按钮，则在当前工作表前插入一个新的工作表，将它重命名为“3 号库房出、入库明细”。

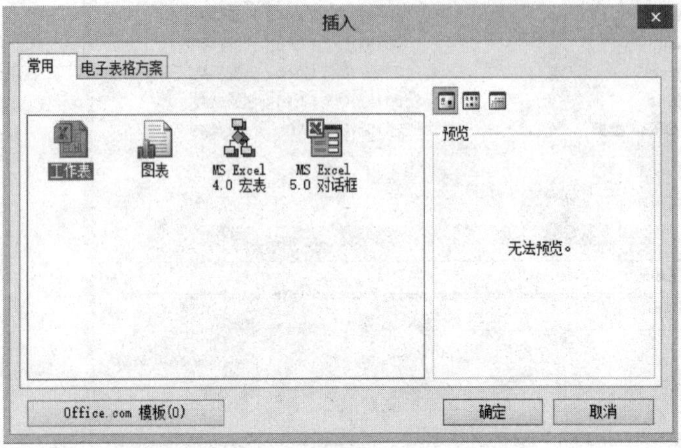

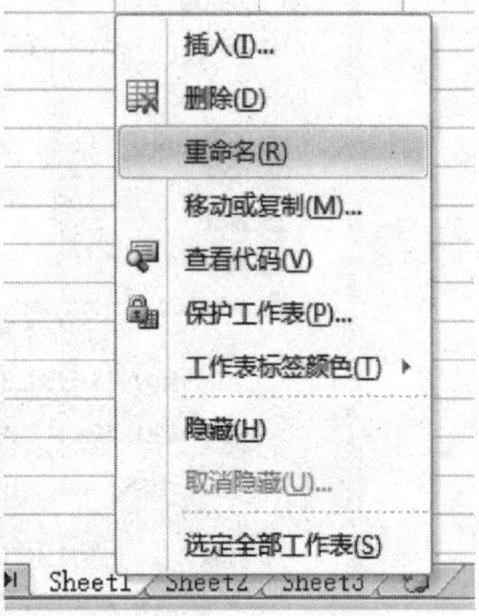

图 3－5　工作表操作快捷菜单图　　　　图 3－6　工作表“插入”对话框

方法二：工作簿使用组合键“Shift＋F11”，在当前工作表前插入一个新工作表，将它重命名为“3 号库房出、入库明细”。

方法三：单击最后一个工作表标签右侧的插入“ ”按钮，在最后增加一个新工作表，将它重命名为“3 号库房出、入库明细”。

方法四：单击“开始”选项卡，在“单元格”组中，单击“插入”按钮下方的向下箭头，在下拉菜单中，选择“插入工作表”命令，则在当前工作表前插入一个新工作表，将它重命名为“3 号库房出、入库明细”。

3.3　删除工作表

删除工作表的方法有两种：

方法一：用快捷菜单。鼠标右键单击“3 号库房出、入库明细”表，打开如图 3－5 所示的快捷菜单，选择“删除”命令。

方法二：使用命令按钮。先单击要删除的“3 号库房出、入库明细”表，然后单击“开始”选项卡，在“单元格”组中，单击“删除”按钮下方的向下箭头，在打开的下拉菜单中，选定“删除工作表”命令。

3.4　改变工作表标签的颜色

通过改变工作表标签颜色从而达到对工作表进行标识。右键单击“1 号库房出、入库明细”工作表标签，在弹出的快捷菜单中，选择“工作表标签颜色”命令，如图 3－7 所示，选择所需要的颜色。

活动 4　编辑录入出入库统计表

● 在“1 号库房出、入库明细”工作表中选中 A1：I1 区域的单元格，单击鼠标右键，在弹出的快捷菜单中，左击“设置单元格格式(F)...”菜单项，打开“设置单元格格式”对话框，如图 3－8 所示，左击“对齐”选项卡，勾选“合并单元格”复选框，并将“文本对齐方式”中的“水平对齐”设置为“居中”；输入标题数据并加粗显示，适当调整行高和列宽，如图 3－9 所示。

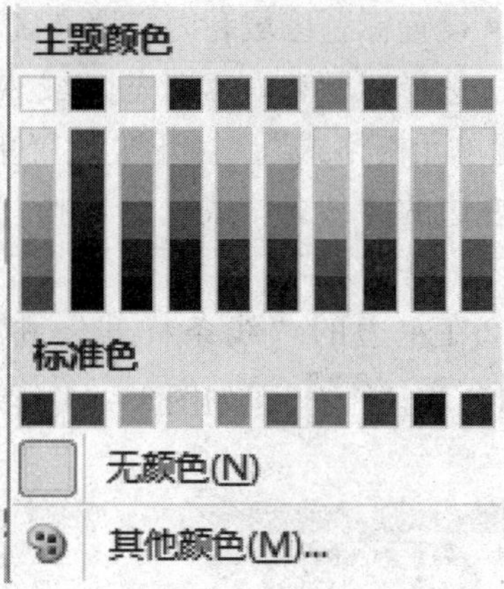

图 3－7　指定工作表标签颜色

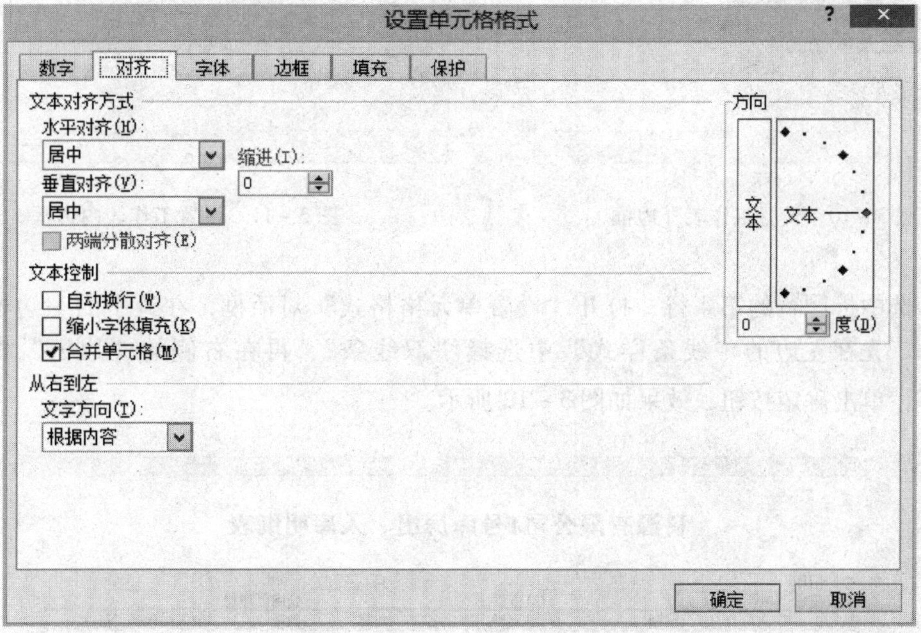

图 3－8　“设置单元格格式”对话框

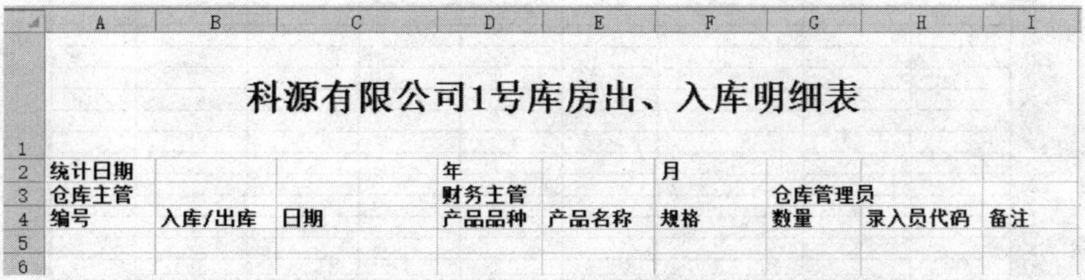

	A	B	C	D	E	F	G	H	I
1	科源有限公司1号库房出、入库明细表								
2	统计日期			年		月			
3	仓库主管			财务主管			仓库管理员		
4	编号	入库/出库	日期	产品品种	产品名称	规格	数量	录入员代码	备注
5									
6									

图 3－9　输入标题数据后的“1 号库房出、入库明细表”

• 设置标题区域和内容填充区域的边框：

①选择标题和内容填充区域 A4：I24，单击鼠标右键，在弹出的快捷菜单中选择“设置单元格格式”，打开“设置单元格格式”对话框，在其中的“边框”选项卡中，先在左边的“线条样式”中选择“双线条”，在右上方的“预置”处选择“外边框”，如图 3－10 所示。

②在左边的“线条样式”中选择“单细线条”，再在右侧的“边框”中单击“ ”和“ ”，如图 3－11 所示，单击确定按钮。

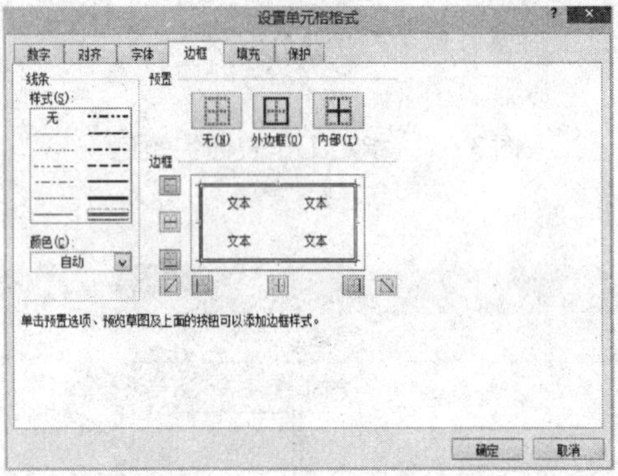

图 3－10 设置工作表外边框

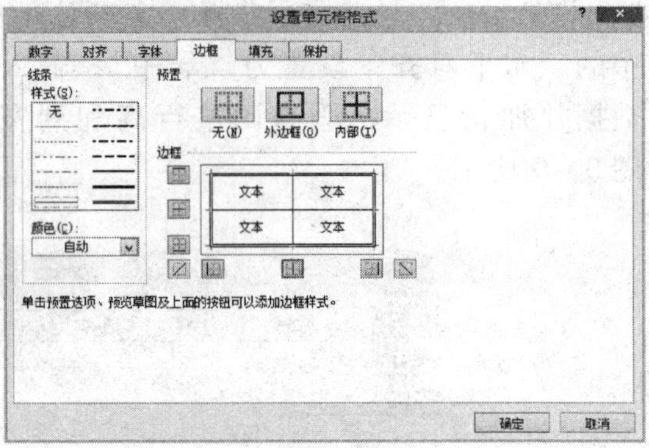

图 3－11 设置工作表内边框

• 选中标题行的第 4 行，打开“设置单元格格式”对话框，在其中的“边框”选项卡中，先在左边的“线条样式”中选择“双线条”，再在右侧的“边框”中单击“ ”，单击确定按钮，效果如图 3－12 所示。

	A	B	C	D	E	F	G	H	I
1	科源有限公司1号库房出、入库明细表								
2	统计日期			年		月			
3	仓库主管			财务主管			仓库管理员		
4	编号	入库/出库	日期	产品品种	产品名称	规格	数量	录入员代码	备注
5									
6									
7									
8									
9									
10									
11									
12									
13									
14									
15									
16									
17									
18									
19									
20									
21									
22									
23									
24									

图 3－12 工作表的边框设置效果图

● 编号的输入：这里填列 1 ~ 20 出入库记录的编号。

①选中编号所在的 A 列，打开“设置单元格格式”对话框，切换到“数字”选项卡，在左侧的“分类”中选择“自定义”；在右侧类型中，自己输入“"NO - 1 - "0000”的自定义格式，如图 3 - 13 所示，单击“确定”按钮。

【提示】这里自定义的格式，是由双引号括起来的字符及后面输入的数字所组成的一个字符串，这里的双引号括起来的字符将会原样显示，并连接后面由 4 位数字组成的数字串。数字部分用了 4 个“0”，表示，如果输入的数字不够 4 位，则左方添“0”占位：例如，当输入为“1”时，单元格中显示的是“NO - 1 - 0001”，如图 3 - 14 所示。

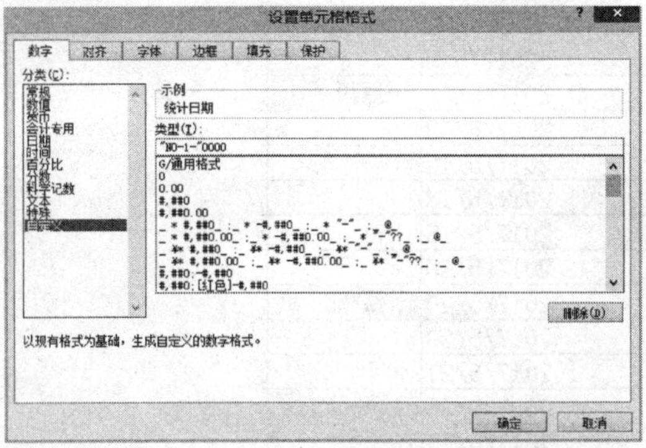

图 3 - 13　自定义单元格格式

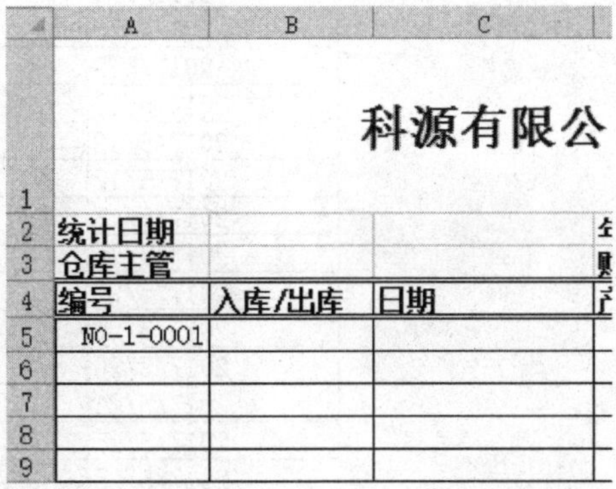

图 3 - 14　输入“1”时的编号显示

②自动填充下方的单元格：这里，可以先选中 A5 这个起始单元格，然后，按住 Ctrl 键，鼠标移到单元格的右下角，会出现“ + ”号，这时，往下拖动左键，实现以 1 为步长值的向下自动递增填充，如图 3 - 15 所示。

● 填入每个记录的填列日期，可以用传统的“17/5/7”将年月日都完整地写入，也可以只输入月日，然后选中这列，设置单元格格式，将它们都改为标准日期型，如图 3 - 16 所示。

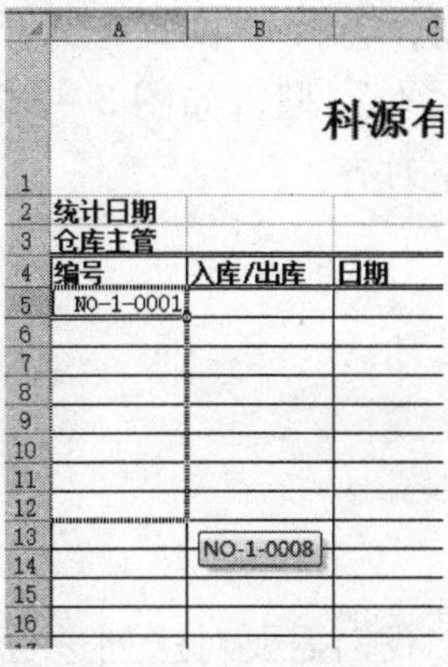

图 3 - 15　自动填充下方的编号

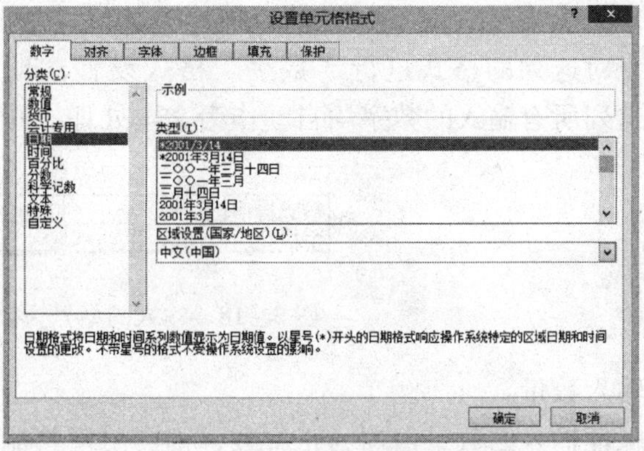

图 3 - 16　设置日期格式

● 输入产品品种。

①按住 Ctrl 键的同时，利用鼠标单击或拖动来选择多个不连续的区域：D5、D11、D17、D20、D21、D24 键入需要填充的数据“计算机”，使用“Ctrl + Enter”键，将这些单元格的数据都填充为“计算机”，如图 3－17 所示。

C	D
日期	产品品种
2017/5/7	
2017/5/7	
2017/5/8	
2017/5/8	
2017/5/8	
2017/5/9	
2017/5/10	
2017/5/12	
2017/5/12	
2017/5/13	
2017/5/15	
2017/5/20	
2017/5/20	
2017/5/20	
2017/5/21	
2017/5/25	
2017/5/25	
2017/5/25	
2017/5/25	
2017/5/30	计算机

C	D
日期	产品品种
2017/5/7	计算机
2017/5/7	
2017/5/8	
2017/5/8	
2017/5/8	
2017/5/9	
2017/5/10	计算机
2017/5/12	
2017/5/12	
2017/5/13	
2017/5/15	
2017/5/20	
2017/5/20	计算机
2017/5/20	
2017/5/21	
2017/5/25	计算机
2017/5/25	计算机
2017/5/25	
2017/5/25	
2017/5/30	计算机

图 3－17　一次性在多个不连续单元格里输入相同的数据

②按照此方法，输入所有产品品种。

【提示】产品品种的数据，在不连续的单元格或区域中，有很多相同的数据，我们就可以使用这种一次性在多个不连续的单元格里输入相同数据的方法来进行填充。

● 输入“产品名称”和“规格”：将“产品名称”和“规格”两列数据灵活输入。其中，可能遇到如图 3－18 所示的情况，当输入规格为纯数字时，可能被系统当成数字格式处理，会自动右对齐，我们就需要选中“规格”这列，打开“设置单元格格式”对话框，对这列的格式进行“数字”格式设置，改为“文本”型，如图 3－19 所示。这时，这列所有输入的数字均自动作为文本处理，并自动左对齐。

数码摄像机	JVC	GZ-MG130
手机	诺基亚	5300

图 3－18　输入的型号为数字时

● 输入数量。

为保证输入的数量值均为正整数，不会出现其他数据，我们需要对这列进行数据有效性设置。

①选中 G 列，单击“数据”选项卡，在“数据工具”组中，单击“数据有效性”按钮下方的向下箭头，出现快捷菜单。在快捷菜单中选择“数据有效性”命令，打开如图 3－20 所示的“数据有效性”对话框。

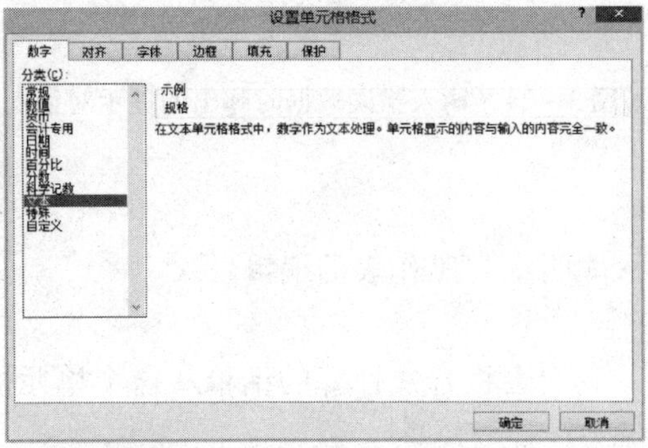

图 3－19　将单元格格式设置为文本框

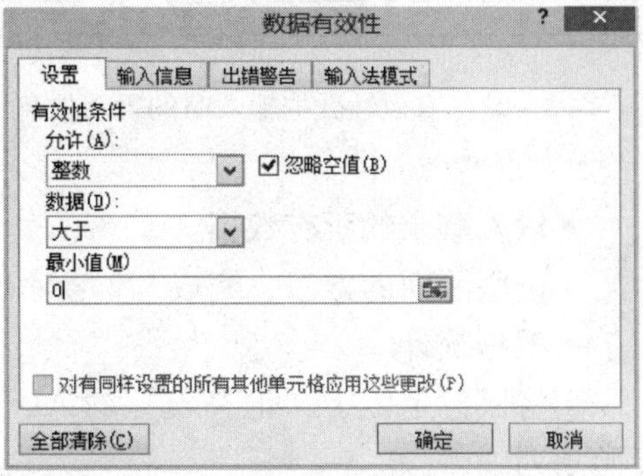

图 3－20　“数据有效性”对话框

②在其中的“设置”选项卡中，设置好该列中的数据所允许的数值，如图 3－20 所示。

③在“输入信息”选项卡中，设置在工作表中进行输入时，鼠标移到该列时显示的提示信息，如图 3－21 所示。

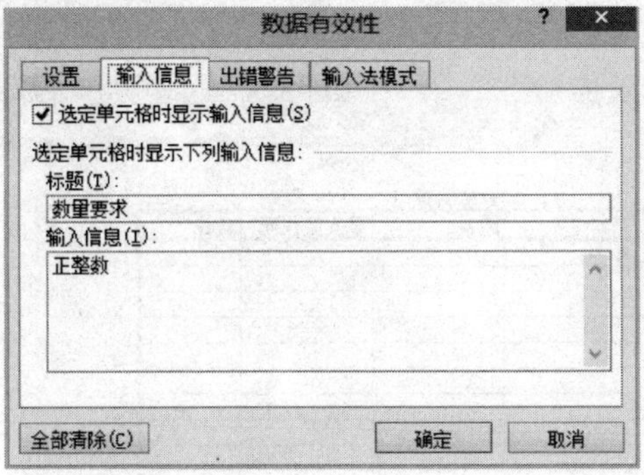

图 3－21　数据有效性设置输入时的提示信息

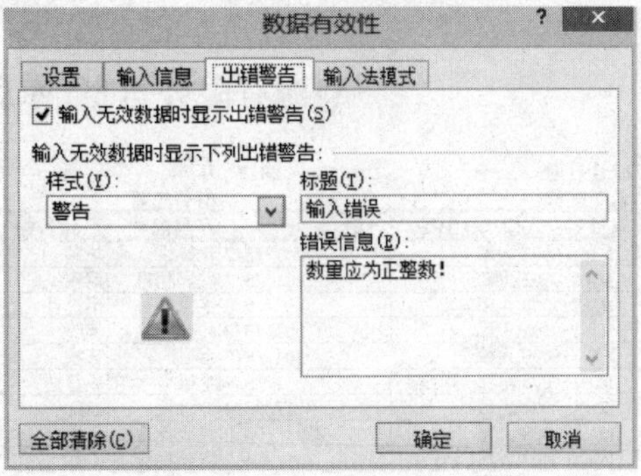

图 3－22　数据有效性设置输入错误时的出错警告

④在“出错警告”选项卡中，设置在工作表中进行输入时，如果在该列中任意单元格输入错误数据时，弹出的对话框中的提示信息，如图 3－22 所示。

⑤设置完成后，在工作表中进行数量数据的输入，在该列单元格的右侧，会出现如图 3－23 所示的提示信息；当输入错误数据时，会弹出如图 3－24 所示的对话框。

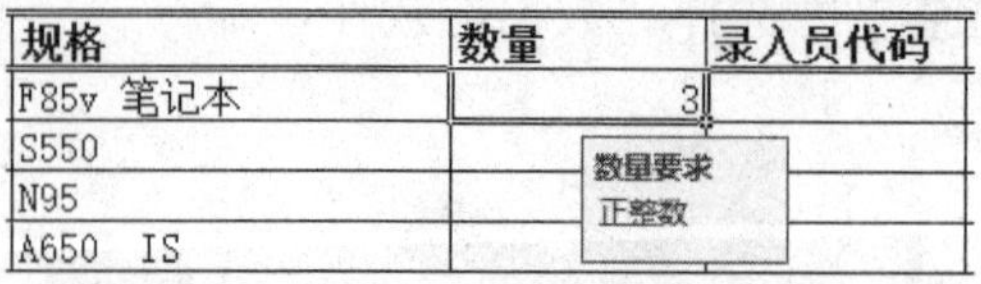

图 3-23 有效性数据输入时的提示信息

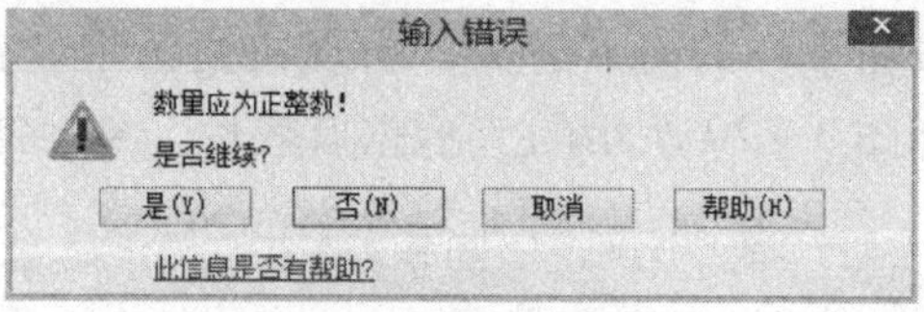

图 3-24 输入错误数据时弹出的提示对话框

- 输入剩余的所有数据。
- 按照前面的方法，完成“2 号库房出、入库明细”工作表的编辑录入。
- 汇总统计。

①将鼠标定位于“汇总表”的 A1 单元格，我们会将合并计算的结果从这个单元格开始填列。

②单击“数据”选项卡，在“数据工具”组中，单击“合并计算”按钮，打开“合并计算”对话框，选择合并的方式，即在“函数”处选择“求和”。

③添加第一个“引用位置”区域：单击“合并计算”对话框中的拾取按钮“”，切换到“1 号库房出、入库明细”工作表中，选取区域 D4：G24，如图 3-25 所示，再单击拾取按钮“”，回到“合并计算”对话框，单击“添加”按钮，加入到下方“所有引用位置”中，得到如图 3-26 所示的效果。

	A	B	C	D	E	F	G	H	I
2	统计日期		2017	年	5	月			
3	仓库主管			财务主管			仓库管理员		
4	编号	入库/出库	日期	产品品种	产品名称	规格	数量	录入员代码	备注
5	NO-1-0001	入库	2017/5/7	计算机	华硕	F85v 笔记本	3	111	
6	NO-1-0002	出库	2017/5/7	数码相机	尼康	S550	10	111	
7	NO-1-0003	入库	2017/5/8	手机	诺基亚	N95	508	112	
8	NO-1-0004	入库	2017/5/8	数码相机	佳能	A650 IS	5	111	
9	NO-1-0005	入库	2017/5/8	手机	三星	E848	4	113	
10	NO-1-0006	出库	2017/5/9	手机	多普达	P660	6	112	
11	NO-1-0007	出库	2017/5/10	计算机	DELL	1200笔记本	3	111	
12	NO-1-0008	入库	2017/5/12	数码摄像机	索尼	SR65E	1	111	
13	NO-1-0009	入库	2017/5/12	数码相机	索尼	W150	2	113	
14	NO-1-0010	出库	2017/5/13	数码摄像机	JVC	GZ-MG130	5	113	
15	NO-1-0011	入库	2017/5/15	手机	诺基亚	5300	10	113	
16	NO-1-0012	出库	2017/5/20	数码相机	佳能	IXUS 90	8	111	
17	NO-1-0013	入库	2017/5/20	计算机	华硕	A8H237 笔记本	6	111	
18	NO-1-0014	出库	2017/5/20	数码相机	佳能	IXUS 960 IS	9	113	
19	NO-1-0015	入库	2017/5/21	移动硬盘	联想	奥运纪念款160G	10	112	
20	NO-1-0016	出库	2017/5/25	计算机	DELL	Vostor 200DT 台式机	20	112	
21	NO-1-0017	入库	2017/5/25	计算机	三星	R26 笔记本	5	113	
22	NO-1-0018	出库	2017/5/25	数码相机	尼康	S550	10	113	
23	NO-1-0019	入库	2017/5/25	手机	诺基亚	N81	10	113	
24	NO-1-0020	出库	2017/5/30	计算机	联想	F41A 笔记本	10	113	

图 3-25 选择第一个“引用位置”区域

【提示】如果要合并的数据是另外一个工作簿文件中的数据，则需要使用“浏览(B)...”按钮，打开其他文件，再进行区域的选择。

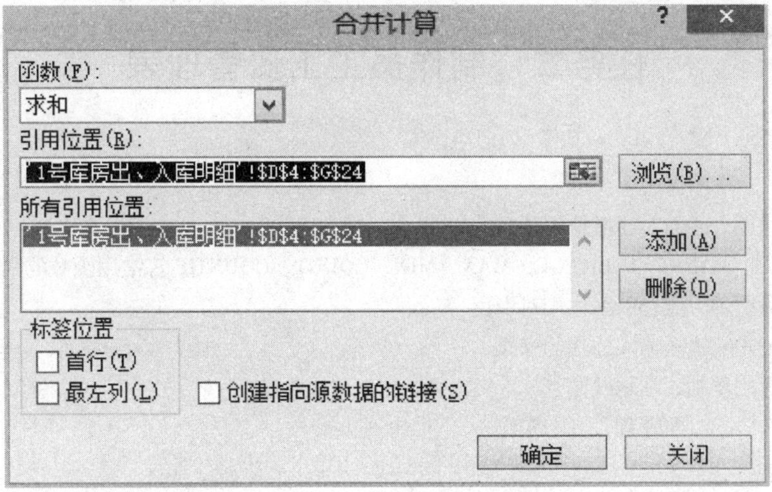

图 3 – 26　已选择并添加了一个引用位置

④继续添加第二个引用区域：按照上述方法，切换并选择“2 号库房出、入库明细”工作表中的区域 D4：G24，添加到“所有引用位置”中，如图 3 – 27 所示，并且选中“标签位置”的“首行”和“最左列”，单击“确定”按钮，完成合并，得到如图 3 – 28 所示的结果。

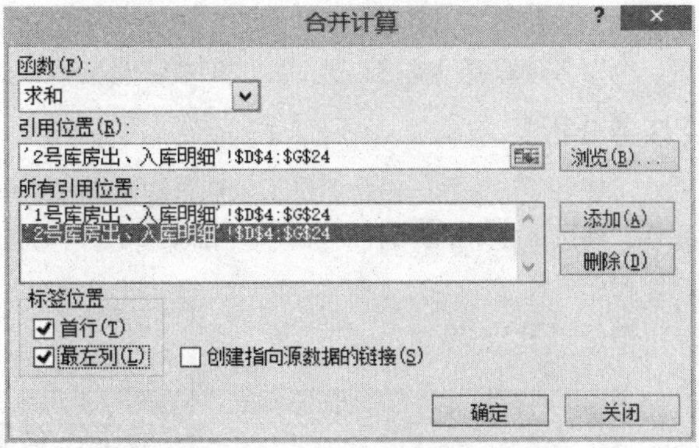

图 3 – 27　将所有引用位置都添加好

【提示】 由于结果会以所引用位置的数据首行和最左列作为汇总的数据标志，故这里需要将其选中。

⑤调整：将不需要的“产品名称”和“规格”列删除，将“产品品种”标题添上，并调整列宽，得到的最终效果如图 3 – 29 所示。

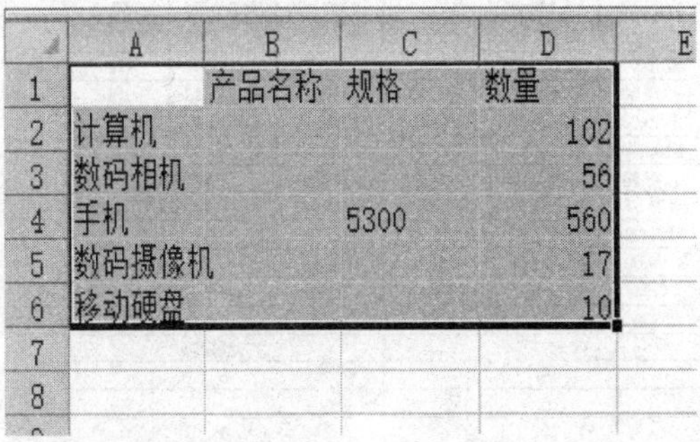

图 3 – 28　得到合并计算的结果

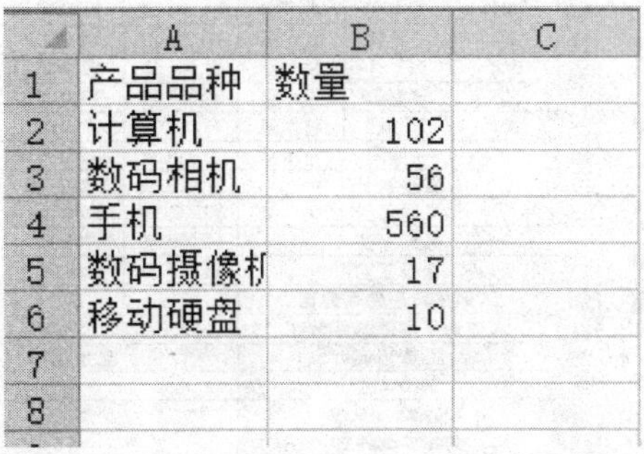

图 3 – 29　调整后的结果

任务二　制作员工工资管理表

【任务目标】

- 掌握通过插入函数对话框输入函数的方法
- 掌握 SUM、RANK、AVERAGE、MAX、MIN、COUNT、COUNTIF 等常用函数的语法格式和功用
- 掌握绝对引用、混合引用和相对引用
- 掌握在公式编辑区输入公式的操作
- 掌握公式的复制、粘贴操作
- 掌握工作表的页面设置、打印操作

【任务引入】

弘毅有限公司总部财务部要制作一份 8 月份的员工工资管理表，该表不但能详细呈现各员工的工资明细，以便员工能详细了解自己的工资情况；还能统计员工的平均工资数额、最高工资数额、最低工资数额以及员工工资在各区间的分布情况，以便公司财务部门能一目了然地了解员工的工资构成情况，为财务预算提供支持；最后完成工资管理表和工资条的打印。

【任务分析】

本任务通过制作一份企业员工工资管理表介绍 Excel 2010 中调用函数和使用公式进行运算等常用操作。通过本任务的学习，可以熟悉 Excel 2010 中函数和公式的使用，并能进行工资表的页面设置和打印操作。

范例如图 3－30 所示。

	A	B	C	D	E	F	G	H	I	J	K	L
1	员工工资管理表											
2	日期：	2017年8月17日								时间：	2:10:52	
3	编号	姓名	所属部门	基本工资	工龄工资	房补	书报费	应发工资	应扣除	住房贷款	实发工资	排名
4	001	李海涛	销售部	¥4,600.00	¥500.00	¥600.00	¥100.00	¥5,800.00	¥75.00	¥300.00	¥5,425.00	4
5	002	苏杨	销售部	¥5,000.00	¥500.00	¥800.00	¥200.00	¥6,500.00	¥65.00	¥300.00	¥6,135.00	1
6	003	陈晓霞	销售部	¥4,600.00	¥300.00	¥500.00	¥100.00	¥5,500.00	¥100.00	¥260.00	¥5,140.00	6
7	004	武海文	销售部	¥4,600.00	¥500.00	¥500.00	¥100.00	¥5,700.00	¥55.00	¥303.00	¥5,342.00	5
8	005	刘繁	销售部	¥4,800.00	¥550.00	¥500.00	¥150.00	¥6,000.00	¥40.00	¥304.00	¥5,656.00	3
9	101	韩金凯	办公室	¥3,500.00	¥500.00	¥500.00	¥100.00	¥4,600.00	¥60.00	¥305.00	¥4,235.00	11
10	102	宋得喜	办公室	¥2,000.00	¥200.00	¥500.00	¥100.00	¥2,800.00	¥50.00	¥200.00	¥2,550.00	14
11	103	汤碧云	办公室	¥3,500.00	¥500.00	¥800.00	¥300.00	¥5,100.00	¥100.00	¥307.00	¥4,693.00	8
12	104	张冰菊	办公室	¥3,500.00	¥500.00	¥500.00	¥100.00	¥4,600.00	¥120.00	¥210.00	¥4,270.00	10
13	105	雷中太	办公室	¥4,000.00	¥400.00	¥500.00	¥400.00	¥5,300.00	¥40.00	¥309.00	¥4,951.00	7
14	201	汶行文	技术部	¥1,050.00	¥500.00	¥700.00	¥300.00	¥2,550.00	¥20.00	¥300.00	¥2,230.00	15
15	202	张志至	技术部	¥3,500.00	¥250.00	¥500.00	¥280.00	¥4,530.00	¥40.00	¥311.00	¥4,179.00	13
16	203	张婷婷	技术部	¥3,000.00	¥700.00	¥600.00	¥300.00	¥4,600.00	¥57.00	¥312.00	¥4,231.00	12
17	204	耿耀辉	技术部	¥3,500.00	¥500.00	¥500.00	¥300.00	¥4,800.00	¥30.00	¥260.00	¥4,510.00	9
18	205	王敏国	技术部	¥5,000.00	¥500.00	¥500.00	¥100.00	¥6,100.00	¥70.00	¥300.00	¥5,730.00	2
19	工资统计			基本工资	工龄工资	房补	书报费	应发工资	应扣除	住房贷款	实发工资	
20	平均工资			¥3,743.33	¥460.00	¥566.67	¥195.33	¥4,965.33	¥61.47	¥285.40	¥4,618.47	
21	最高工资			¥5,000.00	¥700.00	¥800.00	¥400.00	¥6,500.00	¥120.00	¥312.00	¥6,135.00	
22	最低工资			¥1,050.00	¥200.00	¥500.00	¥100.00	¥2,550.00	¥20.00	¥200.00	¥2,230.00	
23	达到平均值的百分比			47%	73%	33%	47%	53%	40%	73%	53%	
24	未达到平均值的百分比			53%	27%	67%	53%	47%	60%	27%	47%	
25	工资分布			基本工资			应发工资			实发工资		
26	5000以上			2			8			6		
27	4000.00-4999.99			5			5			7		
28	3000.00-3999.99			6			0			0		
29	2000.00-2999.99			1			2			2		
30	1000.00-1999.99			1			0			0		
31	1000.00以下			0			0			0		

图 3－30　效果图

要求如下：

1. 员工的应发工资是基本工资、工龄工资、房补和书报费的总和。
2. 从应发工资中扣除住房贷款和应扣除就是实发工资。
3. 时间显示系统当前的时间。
4. 按员工的实发工资数额进行排名。
5. 统计员工的基本工资、工龄工资、房补、书报费、应发工资、应扣除、住房贷款、实发工资等项目的平均值、最大值、最小值、达到平均值的百分比以及未达到平均值的百分比。
6. 统计员工的基本工资、应发工资和实发工资在各区间上的分布情况。
7. 完成工资统计表的页面设置和打印工作。
8. 制作、打印“工资条”工作表。

活动1　完成基础数据的录入，设置基本格式

①打开 Excel 2010，将表格标题的字体设置为黑体、20 号，对齐方式设置为“自动换行”“合并后居中”“垂直居中”对齐和“水平居中”对齐，如图 3－31 所示。

图 3－31　标题格式设置

②录入表格中的所有基础数据，进行单元格合并，边框设置。录入后的效果如图 3－32 所示。

③将工作表重命名为“工资统计表”。

活动2　输入函数

Excel 含有大量的函数，可以帮助用户进行数学、文本、逻辑、在工作表内查找信息等计算工作。Excel 除了自身带有的内置函数外还允许用户自定义函数。

2.1　计算应发工资

①打开“工资统计表”选定 H4 单元格，单击“公式”选项卡，在“函数库”组中单击插入函数“*fx*”按钮，打开“插入函数”对话框，如图 3－33 所示。

②在对话框中，选择“SUM”函数，单击“确定”按钮，打开“函数参数”对话框，如图 3－34 所示。

	A	B	C	D	E	F	G	H	I	J	K	L
1	员工工资管理表											
2	日期：	2017年8月17日								时间：		
3	编号	姓名	所属部门	基本工资	工龄工资	房补	书报费	应发工资	应扣除	住房贷款	实发工资	排名
4	001	李海涛	销售部	¥4,600.00	¥500.00	¥600.00	¥100.00		¥75.00	¥300.00		
5	002	苏杨	销售部	¥5,000.00	¥500.00	¥800.00	¥200.00		¥65.00	¥300.00		
6	003	陈晓霞	销售部	¥4,600.00	¥300.00	¥500.00	¥100.00		¥100.00	¥260.00		
7	004	武海文	销售部	¥4,600.00	¥500.00	¥500.00	¥100.00		¥55.00	¥303.00		
8	005	刘繁	销售部	¥4,800.00	¥550.00	¥500.00	¥150.00		¥40.00	¥304.00		
9	101	韩金凯	办公室	¥3,500.00	¥500.00	¥500.00	¥100.00		¥60.00	¥305.00		
10	102	宋得喜	办公室	¥2,000.00	¥200.00	¥500.00	¥100.00		¥50.00	¥200.00		
11	103	汤碧云	办公室	¥3,500.00	¥500.00	¥800.00	¥300.00		¥100.00	¥307.00		
12	104	张冰菊	办公室	¥3,500.00	¥500.00	¥500.00	¥100.00		¥120.00	¥210.00		
13	105	雷中太	办公室	¥4,000.00	¥400.00	¥500.00	¥400.00		¥40.00	¥309.00		
14	201	汶行文	技术部	¥1,050.00	¥500.00	¥700.00	¥300.00		¥20.00	¥300.00		
15	202	张志至	技术部	¥3,500.00	¥250.00	¥500.00	¥280.00		¥40.00	¥311.00		
16	203	张婷婷	技术部	¥3,000.00	¥700.00	¥600.00	¥300.00		¥57.00	¥312.00		
17	204	耿耀辉	技术部	¥3,500.00	¥500.00	¥500.00	¥300.00		¥30.00	¥260.00		
18	205	王敏国	技术部	¥5,000.00	¥500.00	¥500.00	¥100.00		¥70.00	¥300.00		
19	工资统计			基本工资	工龄工资	房补	书报费	应发工资	应扣除	住房贷款	实发工资	
20	平均工资											
21	最高工资											
22	最低工资											
23	达到平均值的百分比											
24	未达到平均值的百分比											
25	工资分布			基本工资			应发工资			实发工资		
26	5000以上											
27	4000.00-4999.99											
28	3000.00-3999.99											
29	2000.00-2999.99											
30	1000.00-1999.99											
31	1000.00以下											

图 3－32　基础数据录入后的效果

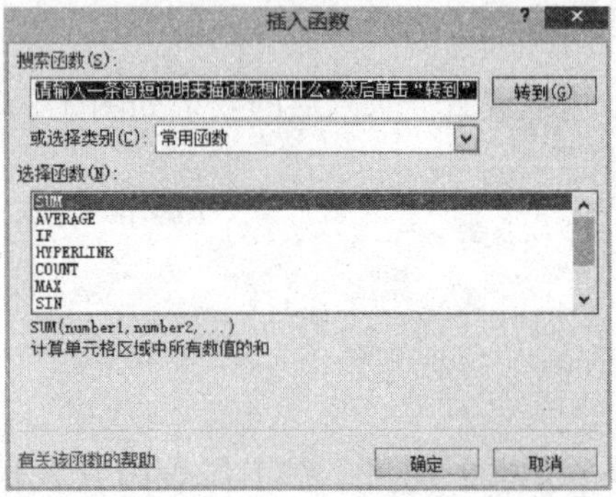

图 3－33　“插入函数”对话框

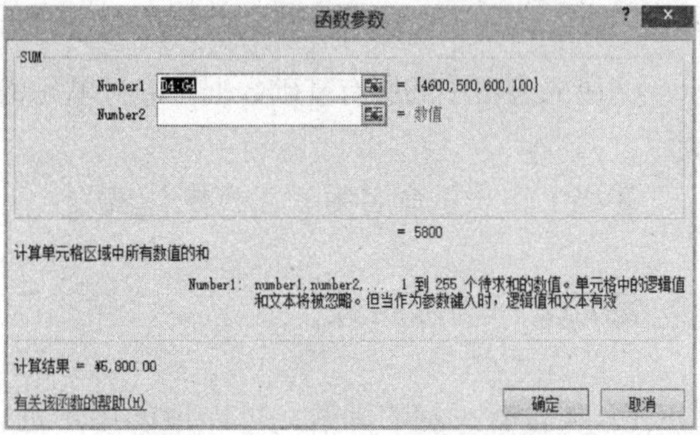

图 3－34　“函数参数”对话框

说明：SUM 函数的语法格式是：

SUM（number1，number2，…）

其功能是求各参数的和。参数 number1，number2，…可以是数值或含有数值的单元格的引用。

③在“函数参数”对话框中，单击“Number1”右侧的范围“ ”按钮，用鼠标拖动 D4：G4，再单击右侧的范围“ ”按钮，返回“函数参数”对话框，单击“确

定”按钮。这时 H4 单元格显示的是单元格区域 D4：G4 的求和结果。

④用鼠标拖动 H4 单元格右下角的填充柄，到 H18 为止。

【提示】计算“应发工资”，也可以选中 D4：H18 单元格，单击“开始”选项卡，在“编辑”组中，单击自动求和“Σ 自动求和 ▾”按钮，此时 H4：H18 单元格的应发工资即可全部求出。

2.2　计算实发工资

①选定 K4 单元格，在公式编辑区（或双击 K4 单元格）输入“=H4－SUM（I4：J4）”公式。

②拖动 K4 单元格右下角的填充柄到 K18 单元格。

2.3　计算名次

计算每位员工按工资的高低进行名次排列，可以采用“RANK”函数来实现。

①选定“L4”单元格，并输入：=RANK（K4，$K $4：$K $18)，按 Enter 键确认。

②用鼠标拖动 L4 单元格右下角的填充柄，到 L33 单元格为止。

说明：“$K $4：$K $18”为绝对引用。RANK 的语法格式是：

RANK（number，ref，order)

number 为需要找到排位的数字，在本例中为某员工的“实发工资”。

ref 为数字列表数组或对数字列表的引用，在本例中为“实发工资”所分布的单元格区域。

order 为一数字，指明排位的方式。如果 order 为 0 或省略，Excel 对数字的排位是基于 ref 按降序排列的列表。如果 order 不为 0，Excel 对数字的排位是基于 ref 按升序排列的列表。

用这个函数进行排名次，如 001 号和 106 号的应发工资都是 5342，名次同样是 10 名，出现两个 10 名，但下一个名次则不再是 11 名，而是从 12 名开始排。

2.4　计算平均工资

①选定 D20 单元格，单击函数“fx”按钮，打开“插入函数”对话框。

②在对话框中，选择“AVERAGE”函数，单击“确定”按钮，打开“函数参数”对话框。

③在“函数参数”对话框中，单击“Number1”右侧的范围“”按钮，用鼠标拖动 D4：D18，再单击右侧的范围“”按钮，回到“函数参数”对话框中，单击“确定”按钮。

④用鼠标拖动 D20 单元格右下角的填充柄，到 K20 为止。

说明：AVERAGE 函数的语法格式是：

AVERAGE（number1，number2，…)

功能是求各参数的平均值。参数 number1，number2，…可以是数值或含有数值的单元格的引用。

计算平均工资，也可以选中 D20 单元格，单击“开始”选项卡，在“编辑”组中，单击自动求和“Σ 自动求和 ▾”按钮右侧的下拉箭头，在出现的快捷菜单中，选择“平均值”命令，此时 D20 单元格显示为“=AVERAGE（D4：D19）”，将函数中的“D19”改为“D18”，按 Enter 键确认，D20 单元格显示为单元格区域 D4：D18 的求平均值结果，用鼠标拖动 D20 单元格右下角的填充柄，到 K20 为止。

2.5 计算最高工资

①选定 D21 单元格。

②单击函数“*fx*”按钮，打开“插入函数”对话框。

③在对话框中，选择“MAX”函数，单击“确定”按钮，打开“函数参数”对话框。

④在对话框中，单击“Number1”右侧的范围“ ”按钮，用鼠标拖动 D4：D18，再单击右侧的范围“ ”按钮，回到“函数参数”对话框中，单击“确定”按钮确认。

⑤拖动 D21 单元格右下角的填充柄到 K21 单元格为止。

说明：最大值 MAX 函数的语法规则：

MAX（number1，number2，…）

功能是求各参数中的最大值。参数 number1，number2，…可以是数值或含有数值的单元格的引用。

2.6 计算最低工资

①选定 D22 单元格。

②单击函数“*fx*”按钮，打开“插入函数”对话框。

③在对话框中，选择“MIN”函数，单击“确定”按钮，打开“函数参数”对话框。

④在对话框中，单击“Number1”右侧的范围“ ”按钮，用鼠标拖动 D4：D18，再单击右侧的范围“ ”按钮，回到“函数参数”对话框中，单击“确定”按钮确认。

⑤拖动 D22 单元格右下角的填充柄到 K22 单元格为止。

说明：最小值 MIN 函数的语法规则：

MIN（number1，number2，…）

功能是求各参数中的最小值。参数 number1，number2，…可以是数值或含有数值的单元格的引用。

活动 3 输入公式

有些比较复杂的运算，仅使用系统所提供的函数难以完成，需使用公式。Excel 中的公式类似于数学公式，它由操作数和运算符组成。操作数可以是单元格、单元格区域、常数、函数或其他公式。

3.1 计算达到平均值的百分比

①选定 D23 单元格。

②单击函数“*fx*”按钮，打开“插入函数”对话框。

③在对话框中，选择“COUNTIF”函数（如果找不到，在“或选择类别”中，选择“全部”），单击“确定”按钮，打开“函数参数”对话框。

④在对话框中，单击“Range”右侧的范围“ ”按钮，用鼠标拖动 D4：D18，再单击右侧的范围“ ”按钮，回到“函数参数”对话框中。

⑤在“函数参数”对话框中，在“Criteria”（条件）中输入：

“ > = ”&D20

如图 3 - 35 所示，单击“确定”按钮确认，公式编辑区出现：

= COUNTIF(D4:D18,” > = ”&D20)

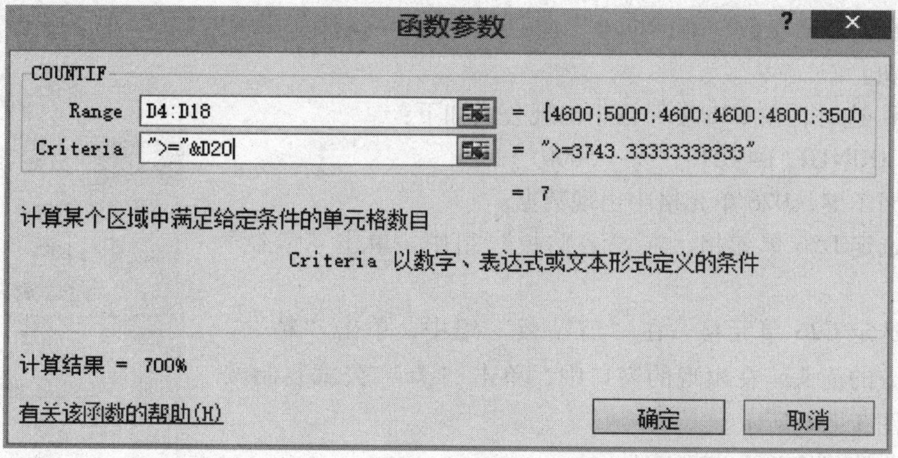

图 3 - 35 在“函数参数”对话框输入条件

⑥在公式编辑区公式 = COUNTIF(D4:D18," > = "&D20)后面输入除号“/”，再单击函数“*fx*”按钮，打开“插入函数”对话框。

⑦在对话框中，选择“COUNT”函数，单击“确定”按钮，打开“函数参数”对话框。

⑧在对话框中，单击“Value1”右侧的范围“ ”按钮，用鼠标拖动 D4：D18，再单击右侧的范围“ ”按钮，回到“函数参数”对话框中，单击“确定”按钮。

⑨这时，在公式编辑区出现公式：

=COUNTIF(D4:D18," > ="&D20)/COUNT(D4:D18)

⑩单击“开始”选项卡，在“数字”组中，单击百分比样式“%”，使数字变为百分数。

⑪选定 D23 单元格，拖动 D23 单元格右下角的填充柄到 K23 单元格为止。

3.2 未达到平均值的百分比

选定 D24 单元格，依照上面介绍的方法和步骤，将上述公式修改成如下公式，完成“未达平均值的百分比”数据的输入。D24 单元格公式如下：

=COUNTIF(D4:D18," < "&D20)/COUNT(D4:D18)

【提示】利用函数 COUNT 可以计算单元格区域或数字数组中数字字段的输入项个数。

3.3 计算基本工资、应发工资和实发工资在 5000 元以上的人数

①选定 D26 单元格。

②单击函数“*fx*”按钮，打开“插入函数”对话框。

③在对话框中，选择“COUNTIF”函数，单击“确定”按钮，打开“函数参数”对话框。

④在对话框中，单击“Range”右侧的范围“”按钮，用鼠标拖动 D4：D18 单元格，再单击右侧的范围“”按钮，回到“函数参数”对话框中。

⑤在“函数参数”对话框中，在“Criteria”（条件）中输入：> =5000，单击“确定”按钮。

⑥6. 这时，在 D26 单元格中出现公式如下：

=COUNTIF(D4:D18," > =5000")

按回车键，D26 单元格中出现数据。

⑦选定 D26 单元格，在“剪贴板”组中，单击“复制”按钮。

⑧选定 G26 单元格，在“剪贴板”组中，单击“粘贴”按钮下方的箭头，在出现的窗口中，单击“*fx*”公式复制按钮，如图 3-36 所示。

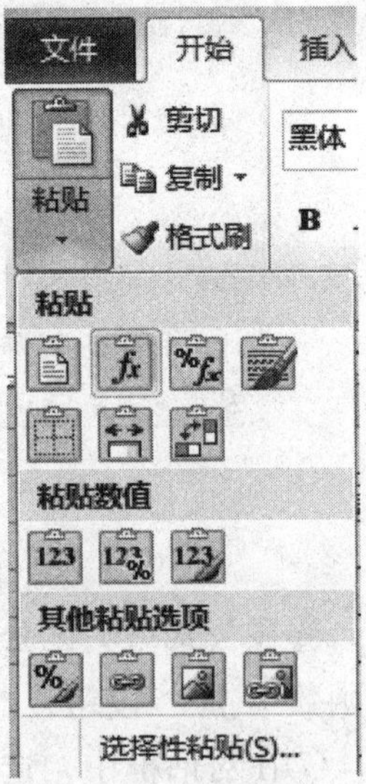

图 3-36 粘贴公式

⑨将公式修改为：

=COUNTIF(H4:H18," > =5000")

⑩选定 D26 单元格，在“剪贴板”组中，单击“复制”按钮。

⑪选定 J26 单元格，在“剪贴板”组中，单击“粘贴”按钮下方的箭头，在出现的窗口中，单击“*fx*”公式复制按钮。

⑫将公式修改为：

=COUNTIF(K4:K18," > =5000")

3.4　计算基本工资、应发工资和实发工资在 4000.00 ~4999.99 的人数

①选定 D27 单元格。

②在公式编辑区输入公式：

=COUNTIF(D4:D18,">=4000.00")-COUNTIF(D4:D18,">=5000")

按回车键，D27 单元格中出现数据。

③选定 D27 单元格，在“剪贴板”组中，单击“复制”按钮。

④选定 G27 单元格，在“剪贴板”组中，单击“粘贴”按钮下方的箭头，在出现的窗口中，单击“*fx*”公式复制按钮。

⑤将公式修改为：

=COUNTIF(H4:H18,">=4000.00")-COUNTIF(H4:H18,">=5000")

⑥选定 J27 单元格，在“剪贴板”组中，单击“粘贴”按钮下方的箭头，在出现的窗口中，单击“*fx*”公式复制按钮。

⑦将公式修改为：

=COUNTIF(K4:K18,">=4000.00")-COUNTIF(K4:K18,">=5000")

3.5　计算基本工资、应发工资和实发工资在 3000.00 ~3999.99 的人数

①选定 D28 单元格。

②在公式编辑区输入公式：

=COUNTIF(D4:D18,">=3000.00")-COUNTIF(D4:D18,">=4000.00")

按回车键，D28 单元格中出现数据。

③选定 D28 单元格，在“剪贴板”组中，单击“复制”按钮。

④选定 G28 单元格，在“剪贴板”组中，单击“粘贴”按钮下方的箭头，在出现的窗口中，单击“*fx*”公式复制按钮。

⑤将公式修改为：

=COUNTIF(H4:H18,">=3000.00")-COUNTIF(H4:H18,">=4000.00")

⑥选定 J28 单元格，在“剪贴板”组中，单击“粘贴”按钮下方的箭头，在出现的窗口中，单击“*fx*”公式复制按钮。

⑦将公式修改为：

=COUNTIF(K4:K18,">=3000.00")-COUNTIF(K4:K18,">=4000.00")

3.6　计算基本工资、应发工资和实发工资在 2000.00 ~2999.99 的人数

①选定 D29 单元格。

②在公式编辑区输入公式：

=COUNTIF(D4:D18,">=2000.00")-COUNTIF(D4:D18,">=3000.00")

按回车键，D29 单元格中出现数据。

③选定 D29 单元格，在“剪贴板”组中，单击“复制”按钮。

④选定 G29 单元格，在“剪贴板”组中，单击“粘贴”按钮下方的箭头，在出现的窗口中，单击“*fx*”公式复制按钮。

⑤将公式修改为：

=COUNTIF(H4:H18,">=2000.00")-COUNTIF(H4:H18,">=3000.00")

⑥选定 J29 单元格，在“剪贴板”组中，单击“粘贴”按钮下方的箭头，在出现的窗口中，单击“*fx*”公式复制按钮。

⑦将公式修改为：

=COUNTIF(K4:K18,">=2000.00")-COUNTIF(K4:K18,">=3000.00")

3.7 计算基本工资、应发工资和实发工资在 1000.00~1999.99 的人数

①选定 D30 单元格。

②在公式编辑区输入公式：

=COUNTIF(D4:D18,">=1000.00")-COUNTIF(D4:D18,">=2000.00")

按回车键，D30 单元格中出现数据。

③选定 D30 单元格，在“剪贴板”组中，单击“复制”按钮。

④选定 G30 单元格，在“剪贴板”组中，单击“粘贴”按钮下方的箭头，在出现的窗口中，单击“*fx*”公式复制按钮。

⑤将公式修改为：

=COUNTIF(H4:H18,">=1000.00")-COUNTIF(H4:H18,">=2000.00")

⑥选定 J30 单元格，在“剪贴板”组中，单击“粘贴”按钮下方的箭头，在出现的窗口中，单击“*fx*”公式复制按钮。

⑦将公式修改为：

=COUNTIF(K4:K18,">=1000.00")-COUNTIF(K4:K18,">=2000.00")

3.8 计算基本工资、应发工资和实发工资在 1000 元以下的人数

①选定 D31 单元格。

②在公式编辑区输入公式：

=COUNTIF(D4:D18,"<3000.00")

按回车键，D31 单元格中出现数据。

③选定 D31 单元格，在“剪贴板”组中，单击“复制”按钮。

④选定 G31 单元格，在“剪贴板”组中，单击“粘贴”按钮下方的箭头，在出现的窗口中，单击“*fx*”公式复制按钮。

⑤将公式修改为：

=COUNTIF(H4:H18,"<1000.00")

⑥选定 J31 单元格，在“剪贴板”组中，单击“粘贴”按钮下方的箭头，在出现的窗口中，单击“*fx*”公式复制按钮。

⑦图 3-37 给出了统计区域的函数输入结果。将公式修改为：

=COUNTIF(K4:K18," <1000.00")

说明：COUNTIF 函数对区域中满足单个指定条件的单元格进行计算。其格式为：

COUNTIF（range，criteria）

range：进行计数的一个或多个单元格，其中包括数字或名称、数组或包含数字的引用。空值和文本值将被忽略。

criteria：用于定义将对哪些单元格进行计数的数字、表达式、单元格引用或文本字符串。例如，条件可以表示为 32、" >32"、B4、" 苹果" 或 “32”。

在单元格中输入公式或函数后，单元格显示的是公式或函数的计算结果，而在编辑栏中显示的是公式。

	A–C	D	E	F	G	H	I	J	K–L
19	工资统计	基本工资	工龄工资	房补	书报费	应发工资	应扣除	住房贷款	实发工资
20	平均工资	¥3,743.33	¥460.00	¥566.67	¥195.33	¥4,965.33	¥61.47	¥285.40	¥4,618.47
21	最高工资	¥5,000.00	¥700.00	¥800.00	¥400.00	¥6,500.00	¥120.00	¥312.00	¥6,135.00
22	最低工资	¥1,050.00	¥200.00	¥500.00	¥100.00	¥2,550.00	¥20.00	¥200.00	¥2,230.00
23	达到平均值的百分比	47%	73%	33%	47%	53%	40%	73%	53%
24	未达到平均值的百分比	53%	27%	67%	53%	47%	60%	27%	47%
25	工资分布	基本工资			应发工资			实发工资	
26	5000以上	2			8			6	
27	4000.00-4999.99	5			5			7	
28	3000.00-3999.99	6			0			0	
29	2000.00-2999.99	1			2			2	
30	1000.00-1999.99	1			0			0	
31	1000.00以下	0			0			0	

图 3－37　统计区域的函数计算结果

活动 4　页面设置与打印

在制作完一张工作表后，根据需要可将它打印出来，在打印之前，首先要设置页面区域和做好分页的工作。下面在“工资表”的工作表中进行操作。

4.1　页面设置

（1）纸张大小

①打开“工资表”工作簿，在工作簿中单击名为“工资统计表”的工作表。

②单击“页面布局”选项卡，在“页面设置”组中，单击“纸张大小”按钮，打开下拉菜单，在菜单中，选择“A4”，在工作表中出现分页线（竖虚线）。

（2）纸张方向

单击“页面布局”选项卡，在“页面设置”组中，单击“纸张方向”按钮，打开下拉菜单，在菜单中，选择“纵向”。

（3）纸张页边距

单击“页面布局”选项卡，在“页面设置”组中，单击“页边距”按钮，打开下拉菜单，在菜单中，选择“窄”。

说明：在“页面设置”组中，单击右下角的辅助按钮“▫”，打开“页面设置”对话框，如图 3－38 所示。在该对话框的“页边距”选项卡下，设置页边距与居中方式。

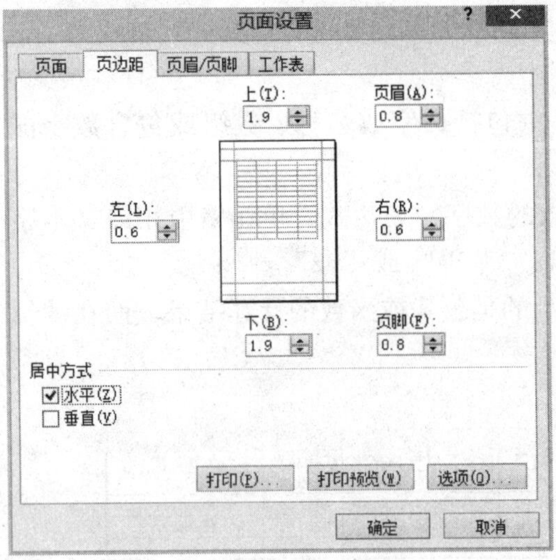

图 3－38　设置“页边距”

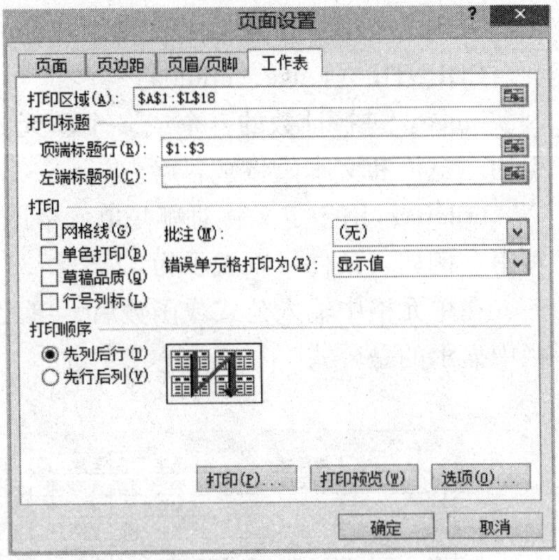

图 3－39　设置打印区域

(4) 打印区域

①单击“页面布局”选项卡，在“工作表选项”组中，单击右下角的辅助按钮“ ”，打开“页面设置”对话框。

②单击“工作表”选项卡，在“打印区域”右侧，单击“ ”按钮，进行打印区域的选择，在“工资统计表”的工作表中，选定 A1：L18 数据区。

(5) 打印标题

表格的标题及列标题通常在每一页都要打印出来。在“页面设置”的“工作表”选项卡中，单击“顶端标题行”右侧的选择区域按钮“ ”，进行顶端标题行区域“A1：L3”的选择，如图 3－39 所示。

【提示】所选中的顶端标题行由若干整行组成，通过拖动行号进行选择操作，而不仅是顶端标题所包含的数据区域。

(6) 定义页眉和页脚

如果要打印的表格有多页，通常在页眉或页脚区域设置每页要显示的信息，如工作簿名、工作表名、页码、日期、时间等。

①在“页面设置”对话框中，单击“页眉/页脚”选项卡。

②单击“自定义页眉”按钮，打开“页眉”对话框，如图 3－40 所示。

③将光标定位在“中”区域内，输入“××单位职工工资表”，打印预览时，则页眉会显示“××单位职工工资表”文字。

④单击“自定义页脚”按钮，打开“页脚”对话框，如图 3－41 所示。

⑤将光标定位在“右”区域内，单击插入页码“ ”按钮，打印预览时，则页脚会显示页码。

⑥通过以上设置，打印时每页右上方显示工作簿名称，在右下位置显示页码。

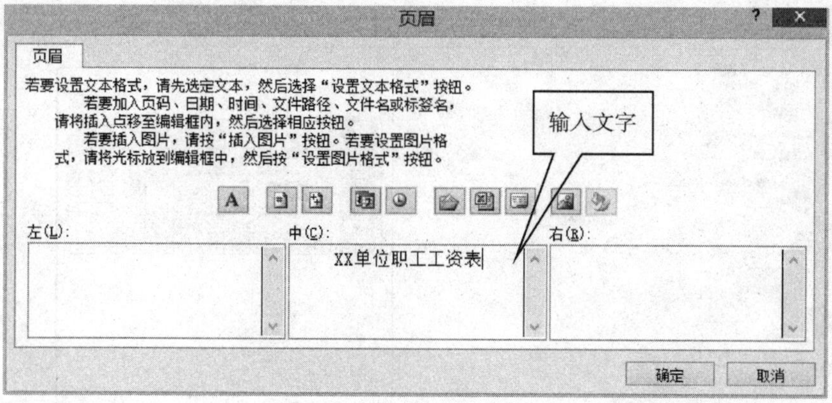

图 3－40　“页眉”对话框

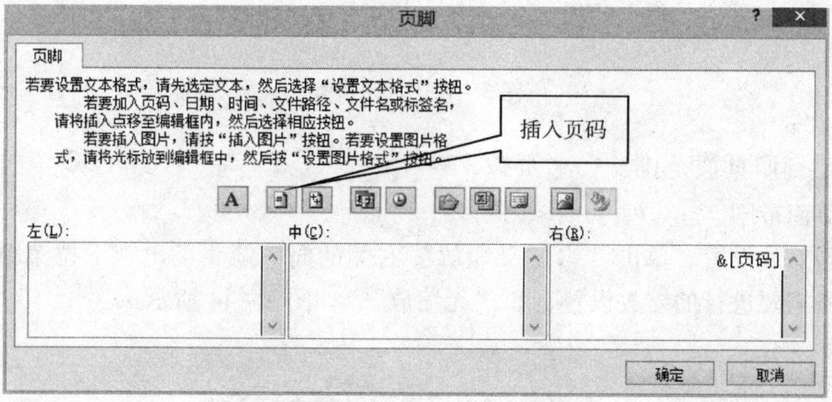

图 3－41　“页脚”对话框

（7）文档预览

在页面设置和打印设置完成后，在“页面设置”对话框中，单击“打印预览”按钮，屏幕显示打印预览结果，如图 3－42 所示。

单击“文件｜打印”命令，也可进行打印预览。

【提示】如果打印范围超出右边界时，可以在“页面设置”对话框，单击“页面”选项卡，对“缩放比例”进行修改，正常打印为“100%”。

（8）文档打印

打印预览完后，当设置符合用户要求时，就可以开始打印。在打印前需要做如下选择或设置：

①选择打印机。单击“文件｜打印”命令，再单击“打印机”右侧的向下箭头，出现下拉菜单。在菜单中，选择与计算机连接的打印机名称。

②选择打印对象。单击“设置”右侧的向下箭头，出现下拉菜单。在菜单中，选择打印对象列表，如选择“打印活动工作表”，如图 3－43 所示。

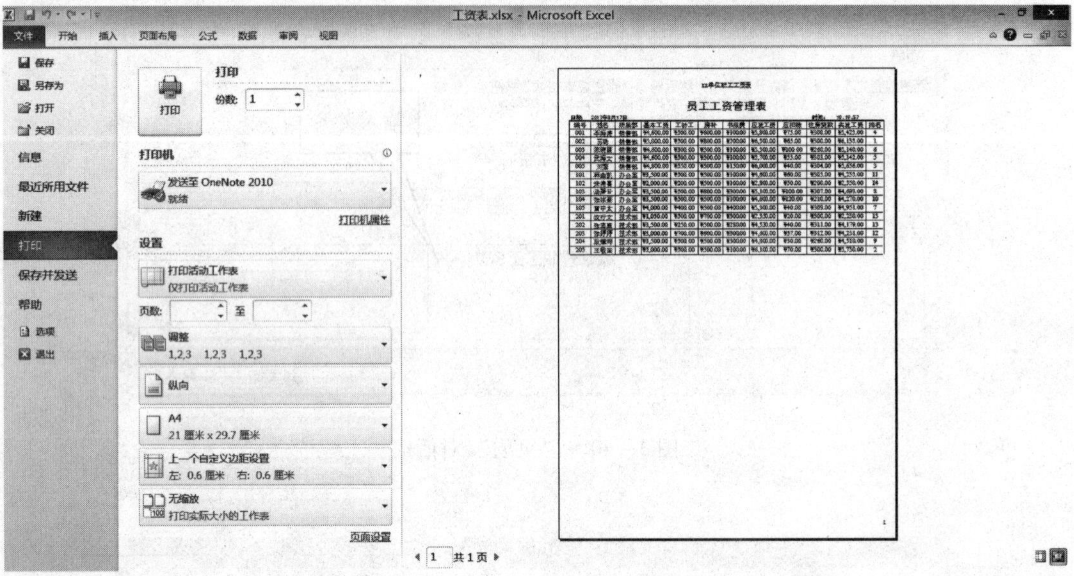

图 3－42 打印预览

③指定打印页面范围。在“页数 页数: 1 至 4 ”计数器中，设置打印页面范围。

④打印缩放设置。单击“自定义缩放”右侧的向下箭头，出现下拉菜单。在菜单中，选择所需要进行的缩放设置，如“无缩放”，如图 3－44 所示。

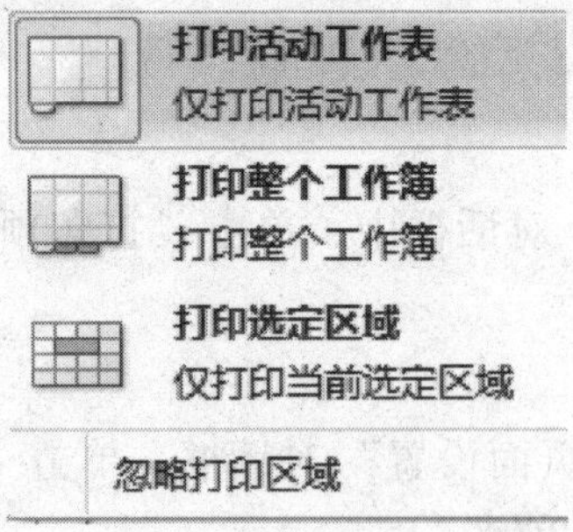

图 3－43 选择打印对象

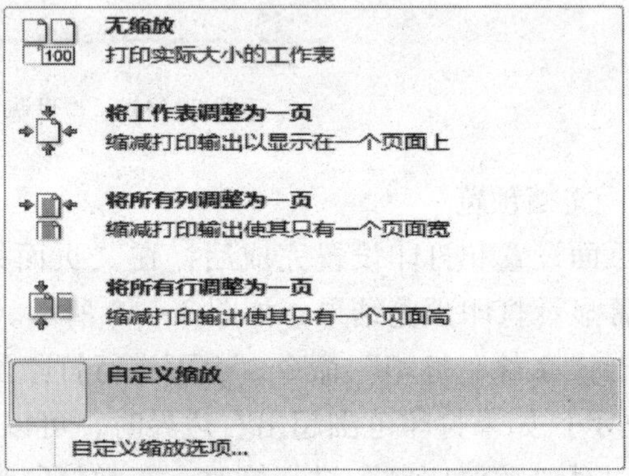

图 3－44 打印缩放设置

4.2 打印工资条

工资统计表制作完成往往要进行工资条的打印，如果利用 Word 介绍的“邮件合并”功能实现，简单易操作。若采用 Excel 实现工资条的打印，就需要用到一些函数或者一些技巧性的操作。在这里不使用函数，而是采用表格操作技巧去实现。

(1) 建立“工资条”工作表

在工作表标签最后单击“”按钮，插入一个新的工作表，并重命名为“工资条”。

(2) 建立工资条表头

①选定“工资统计表”工作表，将 A3：K3 单元格中的数据，复制到“工资条”工作表的 B1 起始单元格中。

②选定 B1：L1 单元格，拖动 L1 单元格下的填充柄到 L15，生成 15 人的表头（根据人数拖动）。

③在 A1 单元格中输入 1，在 A2 单元格中输入 3。选定 A1：A2 单元格，拖动填充柄到 A15，如图 3－45 所示。

	A	B	C	D	E	F	G	H	I	J	K	L
1	1	编号	姓名	所属部门	基本工资	工龄工资	房补	书报费	应发工资	应扣除	住房贷款	实发工资
2	3	编号	姓名	所属部门	基本工资	工龄工资	房补	书报费	应发工资	应扣除	住房贷款	实发工资
3	5	编号	姓名	所属部门	基本工资	工龄工资	房补	书报费	应发工资	应扣除	住房贷款	实发工资
4	7	编号	姓名	所属部门	基本工资	工龄工资	房补	书报费	应发工资	应扣除	住房贷款	实发工资
5	9	编号	姓名	所属部门	基本工资	工龄工资	房补	书报费	应发工资	应扣除	住房贷款	实发工资
6	11	编号	姓名	所属部门	基本工资	工龄工资	房补	书报费	应发工资	应扣除	住房贷款	实发工资
7	13	编号	姓名	所属部门	基本工资	工龄工资	房补	书报费	应发工资	应扣除	住房贷款	实发工资
8	15	编号	姓名	所属部门	基本工资	工龄工资	房补	书报费	应发工资	应扣除	住房贷款	实发工资
9	17	编号	姓名	所属部门	基本工资	工龄工资	房补	书报费	应发工资	应扣除	住房贷款	实发工资
10	19	编号	姓名	所属部门	基本工资	工龄工资	房补	书报费	应发工资	应扣除	住房贷款	实发工资
11	21	编号	姓名	所属部门	基本工资	工龄工资	房补	书报费	应发工资	应扣除	住房贷款	实发工资
12	23	编号	姓名	所属部门	基本工资	工龄工资	房补	书报费	应发工资	应扣除	住房贷款	实发工资
13	25	编号	姓名	所属部门	基本工资	工龄工资	房补	书报费	应发工资	应扣除	住房贷款	实发工资
14	27	编号	姓名	所属部门	基本工资	工龄工资	房补	书报费	应发工资	应扣除	住房贷款	实发工资
15	29	编号	姓名	所属部门	基本工资	工龄工资	房补	书报费	应发工资	应扣除	住房贷款	实发工资

图 3－45　制作表头

(3) 复制数据

①选定“工资统计表”工作表，将 A4：K18 单元格中的数据，复制到“工资条”工作表的 B16 起始单元格中。

②在 A16 单元格中输入 2，在 A17 单元格中输入 4。选定 A16：A17 单元格，拖动填存柄到 A30，如图 3－46 所示。

	A	B	C	D	E	F	G	H	I	J	K	L
16	2	001	李海涛	销售部	¥4,600.00	¥500.00	¥600.00	¥100.00	¥5,800.00	¥75.00	¥300.00	¥5,425.00
17	4	002	苏杨	销售部	¥5,000.00	¥500.00	¥800.00	¥200.00	¥6,500.00	¥65.00	¥300.00	¥6,135.00
18	6	003	陈晓霞	销售部	¥4,600.00	¥300.00	¥500.00	¥100.00	¥5,500.00	¥100.00	¥260.00	¥5,140.00
19	8	004	武海文	销售部	¥4,600.00	¥500.00	¥500.00	¥100.00	¥5,700.00	¥55.00	¥303.00	¥5,342.00
20	10	005	刘繁	销售部	¥4,800.00	¥550.00	¥500.00	¥150.00	¥6,000.00	¥40.00	¥304.00	¥5,656.00
21	12	101	韩金凯	办公室	¥3,500.00	¥500.00	¥500.00	¥100.00	¥4,600.00	¥60.00	¥305.00	¥4,235.00
22	14	102	宋得喜	办公室	¥2,000.00	¥200.00	¥500.00	¥100.00	¥2,800.00	¥50.00	¥200.00	¥2,550.00
23	16	103	汤碧云	办公室	¥3,500.00	¥500.00	¥800.00	¥300.00	¥5,100.00	¥100.00	¥307.00	¥4,693.00
24	18	104	张冰菊	办公室	¥3,500.00	¥500.00	¥500.00	¥100.00	¥4,600.00	¥120.00	¥210.00	¥4,270.00
25	20	105	雷中太	办公室	¥4,000.00	¥400.00	¥500.00	¥400.00	¥5,300.00	¥40.00	¥309.00	¥4,951.00
26	22	201	汶行文	技术部	¥1,050.00	¥500.00	¥700.00	¥300.00	¥2,550.00	¥20.00	¥300.00	¥2,230.00
27	24	202	张志至	技术部	¥3,500.00	¥250.00	¥500.00	¥280.00	¥4,530.00	¥40.00	¥311.00	¥4,179.00
28	26	203	张婷婷	技术部	¥3,000.00	¥700.00	¥600.00	¥300.00	¥4,600.00	¥57.00	¥312.00	¥4,231.00
29	28	204	耿耀辉	技术部	¥3,500.00	¥500.00	¥500.00	¥300.00	¥4,800.00	¥30.00	¥260.00	¥4,510.00
30	30	205	王敏国	技术部	¥5,000.00	¥500.00	¥500.00	¥100.00	¥6,100.00	¥70.00	¥300.00	¥5,730.00
31												

图 3－46　建立数据

(4) 生成工资条

①选定 A1：L30 单元格，单击“数据”选项卡，在“排序和筛选”组中，单击“排序”按钮，出现“排序”对话框。

②在对话框中，选取主关键字为“A”，排序依据为“数值”，次序为“升序”，单击“确定”按钮。

③单击“开始”选项卡，选定整个数据区，在“对齐方式”组中，单击“居中”对齐。

④选定“A”列，在“开始”选项卡的单元格组中，单击“删除”按钮，将 A 列删除，加入表格线，生成工资条，如图 3－47 所示。

	A	B	C	D	E	F	G	H	I	J	K
1	编号	姓名	所属部门	基本工资	工龄工资	房补	书报费	应发工资	应扣除	住房贷款	实发工资
2	001	李海涛	销售部	¥4,600.00	¥500.00	¥600.00	¥100.00	¥5,800.00	¥75.00	¥300.00	¥5,425.00
3	编号	姓名	所属部门	基本工资	工龄工资	房补	书报费	应发工资	应扣除	住房贷款	实发工资
4	002	苏杨	销售部	¥5,000.00	¥500.00	¥800.00	¥200.00	¥6,500.00	¥65.00	¥300.00	¥6,135.00
5	编号	姓名	所属部门	基本工资	工龄工资	房补	书报费	应发工资	应扣除	住房贷款	实发工资
6	003	陈晓霞	销售部	¥4,600.00	¥300.00	¥500.00	¥100.00	¥5,500.00	¥100.00	¥260.00	¥5,140.00
7	编号	姓名	所属部门	基本工资	工龄工资	房补	书报费	应发工资	应扣除	住房贷款	实发工资
8	004	武海文	销售部	¥4,600.00	¥500.00	¥500.00	¥100.00	¥5,700.00	¥55.00	¥303.00	¥5,342.00
9	编号	姓名	所属部门	基本工资	工龄工资	房补	书报费	应发工资	应扣除	住房贷款	实发工资
10	005	刘繁	销售部	¥4,800.00	¥550.00	¥500.00	¥150.00	¥6,000.00	¥40.00	¥304.00	¥5,656.00
11	编号	姓名	所属部门	基本工资	工龄工资	房补	书报费	应发工资	应扣除	住房贷款	实发工资
12	101	韩金凯	办公室	¥3,500.00	¥500.00	¥500.00	¥100.00	¥4,600.00	¥60.00	¥305.00	¥4,235.00
13	编号	姓名	所属部门	基本工资	工龄工资	房补	书报费	应发工资	应扣除	住房贷款	实发工资
14	102	宋得喜	办公室	¥2,000.00	¥200.00	¥500.00	¥100.00	¥2,800.00	¥50.00	¥200.00	¥2,550.00
15	编号	姓名	所属部门	基本工资	工龄工资	房补	书报费	应发工资	应扣除	住房贷款	实发工资
16	103	汤碧云	办公室	¥3,500.00	¥500.00	¥800.00	¥300.00	¥5,100.00	¥100.00	¥307.00	¥4,693.00
17	编号	姓名	所属部门	基本工资	工龄工资	房补	书报费	应发工资	应扣除	住房贷款	实发工资
18	104	张冰菊	办公室	¥3,500.00	¥500.00	¥500.00	¥100.00	¥4,600.00	¥120.00	¥210.00	¥4,270.00
19	编号	姓名	所属部门	基本工资	工龄工资	房补	书报费	应发工资	应扣除	住房贷款	实发工资
20	105	雷中太	办公室	¥4,000.00	¥400.00	¥500.00	¥400.00	¥5,300.00	¥40.00	¥309.00	¥4,951.00
21	编号	姓名	所属部门	基本工资	工龄工资	房补	书报费	应发工资	应扣除	住房贷款	实发工资
22	201	汶行文	技术部	¥1,050.00	¥500.00	¥700.00	¥300.00	¥2,550.00	¥20.00	¥300.00	¥2,230.00
23	编号	姓名	所属部门	基本工资	工龄工资	房补	书报费	应发工资	应扣除	住房贷款	实发工资
24	202	张志至	技术部	¥3,500.00	¥250.00	¥500.00	¥280.00	¥4,530.00	¥40.00	¥311.00	¥4,179.00
25	编号	姓名	所属部门	基本工资	工龄工资	房补	书报费	应发工资	应扣除	住房贷款	实发工资
26	203	张婷婷	技术部	¥3,000.00	¥700.00	¥600.00	¥300.00	¥4,600.00	¥57.00	¥312.00	¥4,231.00
27	编号	姓名	所属部门	基本工资	工龄工资	房补	书报费	应发工资	应扣除	住房贷款	实发工资
28	204	耿耀辉	技术部	¥3,500.00	¥500.00	¥500.00	¥300.00	¥4,800.00	¥30.00	¥260.00	¥4,510.00
29	编号	姓名	所属部门	基本工资	工龄工资	房补	书报费	应发工资	应扣除	住房贷款	实发工资
30	205	王敏国	技术部	¥5,000.00	¥500.00	¥500.00	¥100.00	¥6,100.00	¥70.00	¥300.00	¥5,730.00
31											

图 3－47 工资条

任务三　制作销售统计分析表

【任务目标】

- 掌握斜线表头的绘制
- 掌握工作表单元格背景颜色及字体颜色的设置
- 掌握图表的插入方法
- 掌握图表位置的修改操作
- 掌握图表格式一系列的设置操作

【任务引入】

弘毅有限公司各地分公司在 2017 年上半年的销售数据已统计完成，现需要制作一份销售统计表，以充分展现成都分公司、重庆分公司、武汉分公司、西安分公司以及公司总部的产品销售情况。同时将这些数据制作成销售统计分析图，直观地表达各地销售数据的变化和差异，为公司领导者制定政策和决策提供依据。

【任务分析】

本任务通过制作一份销售统计分析图表介绍 Excel 2010 中使用图表的操作。通过本任务的学习，可以熟悉图表的插入、格式修改美化等基本操作。

范例如图 3－48 所示。

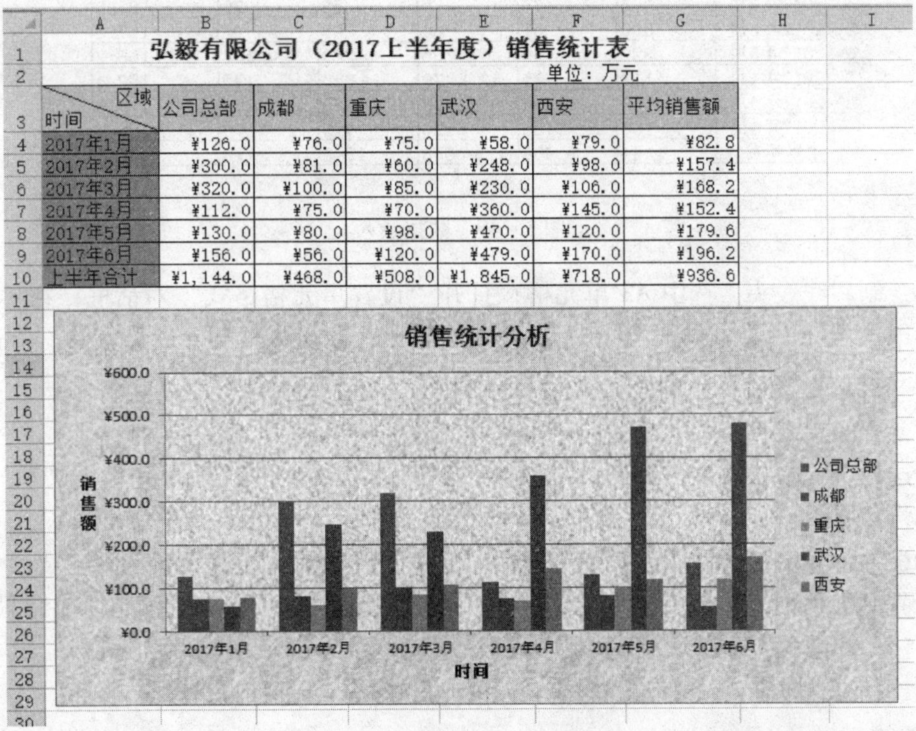

弘毅有限公司（2017上半年度）销售统计表

单位：万元

区域 / 时间	公司总部	成都	重庆	武汉	西安	平均销售额
2017年1月	¥126.0	¥76.0	¥75.0	¥58.0	¥79.0	¥82.8
2017年2月	¥300.0	¥81.0	¥60.0	¥248.0	¥98.0	¥157.4
2017年3月	¥320.0	¥100.0	¥85.0	¥230.0	¥106.0	¥168.2
2017年4月	¥112.0	¥75.0	¥70.0	¥360.0	¥145.0	¥152.4
2017年5月	¥130.0	¥80.0	¥98.0	¥470.0	¥120.0	¥179.6
2017年6月	¥156.0	¥56.0	¥120.0	¥479.0	¥170.0	¥196.2
上半年合计	¥1,144.0	¥468.0	¥508.0	¥1,845.0	¥718.0	¥936.6

图 3－48　公司销售统计分析图表

要求如下：

1. 销售统计表中的数据格式需设置成“货币”。

2. 标题行设置为浅红色背景，时间列设置为淡蓝色背景。

3. 表格内容以红色字体显示。

4. 平均销售额所在列和上半年合计所在行的数据需应用前面所学的内容进行四则计算或者调用函数实现。

5. 插入的销售分析图要反映每个月份各地的销售额状况。

6. 横坐标轴和垂直轴的文字都设置为 8 号字。

7. 横坐标轴的标题为“时间”，垂直轴的标题为“销售额”，字号均为 10 号字。

8. 图表标题为“销售统计分析”，字号为 14 号字。

9. 绘图区的纹理设置为“新闻纸”，图表区的纹理设置为“蓝色面巾纸”。

10. 最后的销售分析图以“簇状柱形图”的形式反映。

活动 1　完成数据的录入，设置基本格式

①打开 Excel 2010，录入表格中的所有数据。将表格标题选择设置为宋体、14 号、加粗、合并居中，如图 3－49 所示。

	A	B	C	D	E	F	G
1	**弘毅有限公司（2017上半年度）销售统计表**						
2							单位：万元
3		公司总部	成都	重庆	武汉	西安	平均销售额
4	2017年1月	126	76	75	58	79	82.8
5	2017年2月	300	81	60	248	98	157.4
6	2017年3月	320	100	85	230	106	168.2
7	2017年4月	112	75	70	360	145	152.4
8	2017年5月	130	80	98	470	120	179.6
9	2017年6月	156	56	120	479	170	196.2
10	上半年合计	1144	468	508	1845	718	936.6

图 3－49　数据录入

②绘制斜线表头。选中 A3 单元格，打开“设置单元格格式”对话框，在“边框”选项卡中单击“”按钮，添加好斜线，再适当调整单元格的高度和宽度，在单元格中输入“区域”字符后，同时按下“Alt＋Enter”键，实现单元格的换行，然后再输入“时间”，并在“区域”之前添加适当的空格，如图 3－50 所示。

③选择单元格区域 B4：G10，“设置单元格格式”对话框，单击切换到“数字”选项卡，将“分类”设置为“货币”，“小数位数”设为 1，如图 3－51 所示。

④设置单元格的背景颜色及字体颜色。选中要设置字体或背景颜色的区域，分别选择“设置单元格格式”对话框中的“字体”或“图案”选项卡，添加字体或背景颜色，如图 3－52 和图 3－53 所示。

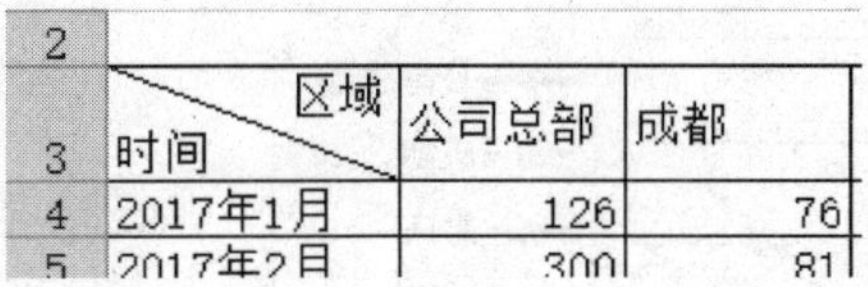

图 3－50　斜线表头

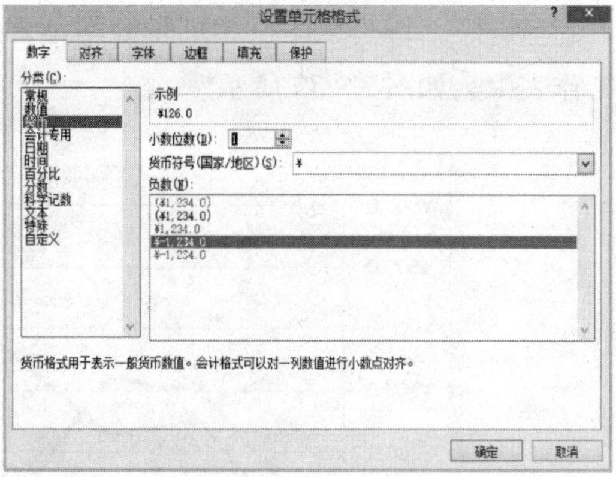

图 3－51　设置单元格的“数字”格式

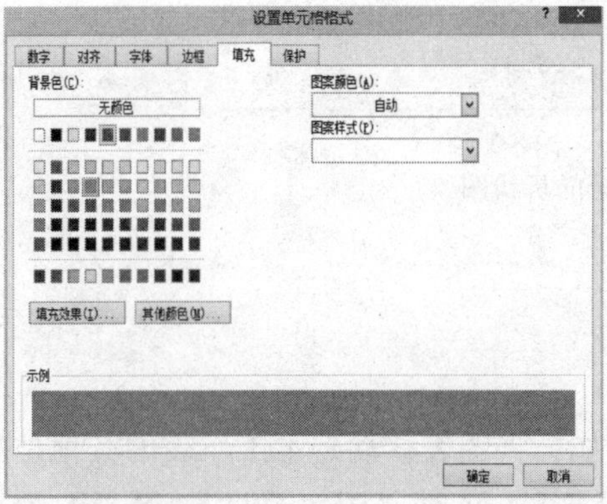

图 3－52　设置单元格的“底纹”格式

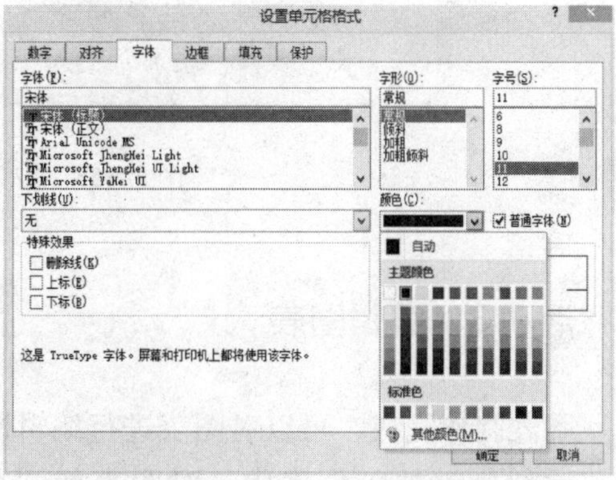

图 3－53　设置单元格的“字体”格式

活动 2　插入图表

①选择图表数据区域 A3：F9。

②单击“插入”选项卡，在“图表”组中，单击“折线图”按钮下方的下拉箭头，打开下拉菜单，如图 3－54 所示。

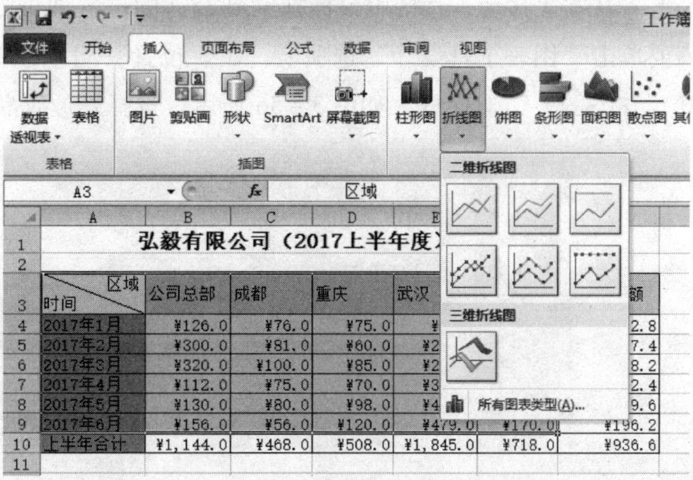

图 3－54　选择图表类型

③单击“二维折线图”中的带数据标记的折线图“ ”按钮，这时图表插入到当前工作表中，如图 3-55 所示。

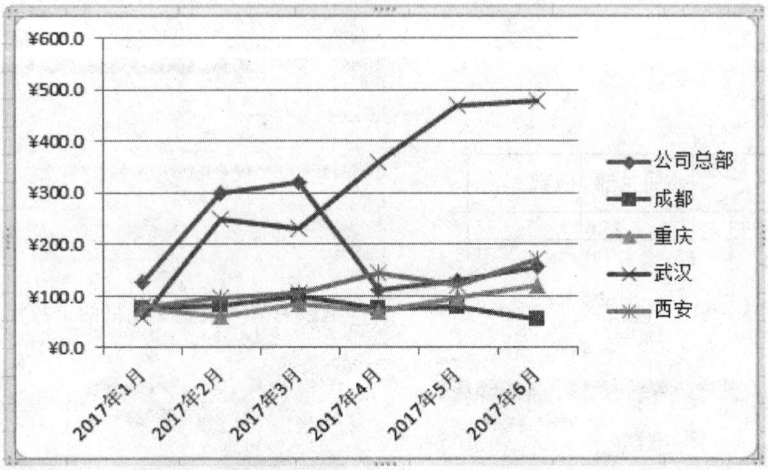

图 3-55　带数据标记的折线图

活动 3　编辑图表

图表制作完成，可以对图表进行编辑操作，如：将图表移动到本工作表的其他位置或移动到另外的工作表中，对图表加“数据标签”，修改“图表样式”和“图表布局”等。

3.1　修改图表位置

①选中图表。

②若在本表移动，直接用鼠标拖动到合适的位置即可。若需要移动到其他工作表，则需要单击“图表工具设计”选项卡，在“位置”组中，单击“移动图表 ”按钮，打开“移动图表”对话框，如图 3-56 所示。选择好位置后，单击“确定”按钮。

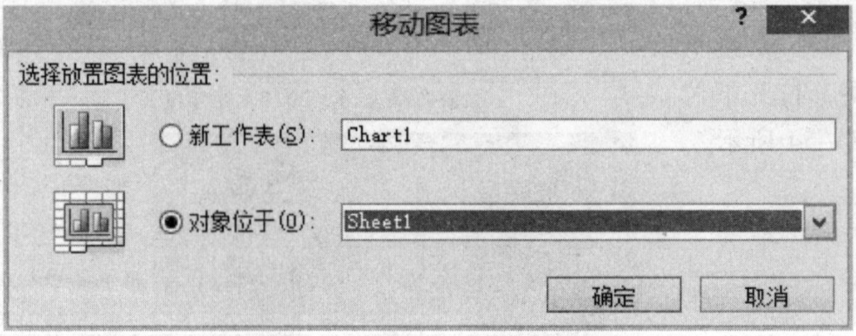

图 3-56　“移动图表”对话框

3.2 设置图表格式

①选中图表。

②单击“图表工具”“格式”选项卡，在“当前所选内容”组中的下拉列表框中选择“水平（类别）轴”，如图 3－57 所示。单击“开始”选项卡，设置字号为 8 号，如图 3－58 所示。

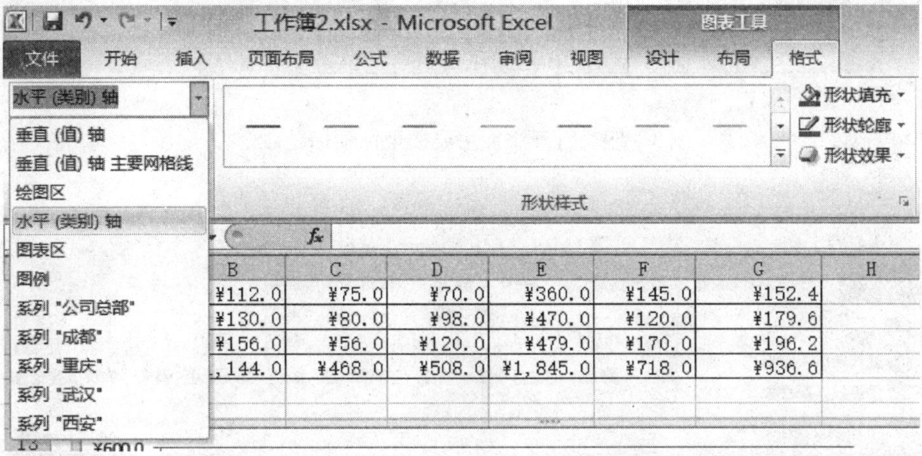

图 3－57 选择“水平（类别）”轴

图 3－58 设置坐标轴字号

③依照步骤②的方法，将“垂直（值）轴”文字设置为 8 号字。

④单击“图表工具”“布局”选项卡，在“标签”组中，单击“坐标轴标题”按钮下方的下拉箭头，打开下拉菜单，选择“主要横坐标轴标题”“坐标轴下方标题”菜单项命令，如图 3－59 所示。修改横坐标轴标题为“时间”，字号设置为 10 号字。

⑤单击“图表工具”“布局”选项卡，在“标签”组中，单击“坐标轴标题”按钮下方的下拉箭头，打开下拉菜单，选择“主要纵坐标轴标题”“竖排标题”菜单项命令。修改纵坐标轴标题为“销售额”，字号设置为 10 号字。

⑥单击“图表工具”“布局”选项卡，在“标签”组中，单击“图表标题”按钮下方的下拉箭头，打开下拉菜单，选择“图表上方”菜单项命令，如图 3－60 所示。修改图表标题为“销售统计分析”，字号设置为 14 号字。

⑦单击“图表工具”“格式”选项卡，在“当前所选内容”组中的下拉列表框中选择“绘图区”，如图 3－61 所示。单击“设置所选内容格式”命令，打开“设置绘图区

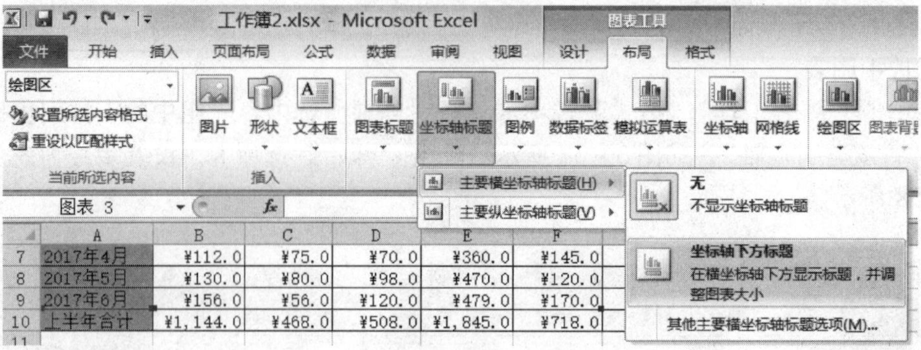

图 3－59　打开添加主要横坐标轴标题命令

图 3－60　打开添加图表标题菜单项命令

格式”对话框，如图 3－62 所示。在对话框左侧单击“填充”选项，右侧单选“图片或纹理填充”，单击“纹理 ”，右侧的小箭头，打开纹理选择下拉列表框，从中选择“新闻纸”图案，如图 3－63 所示。然后单击“关闭”按钮，完成设置。

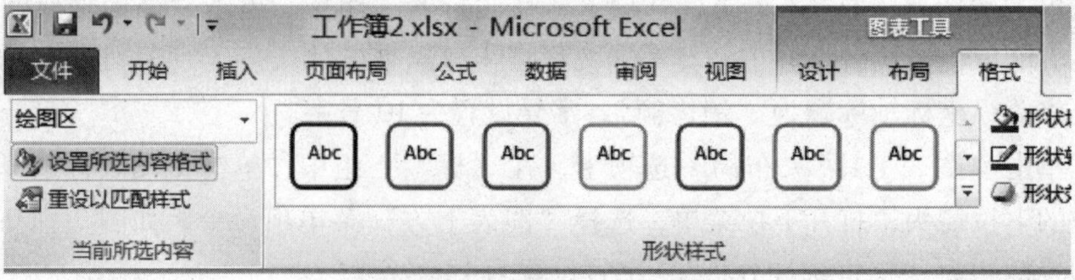

图 3－61　选择“绘图区”

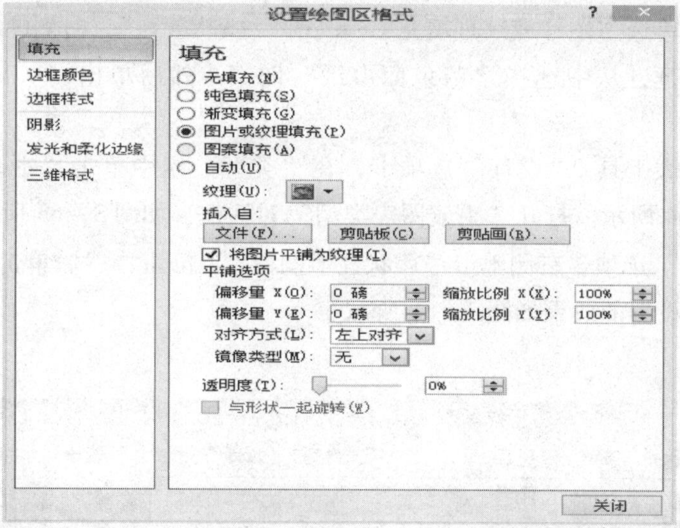

图 3-62　打开设置绘图区格式对话框

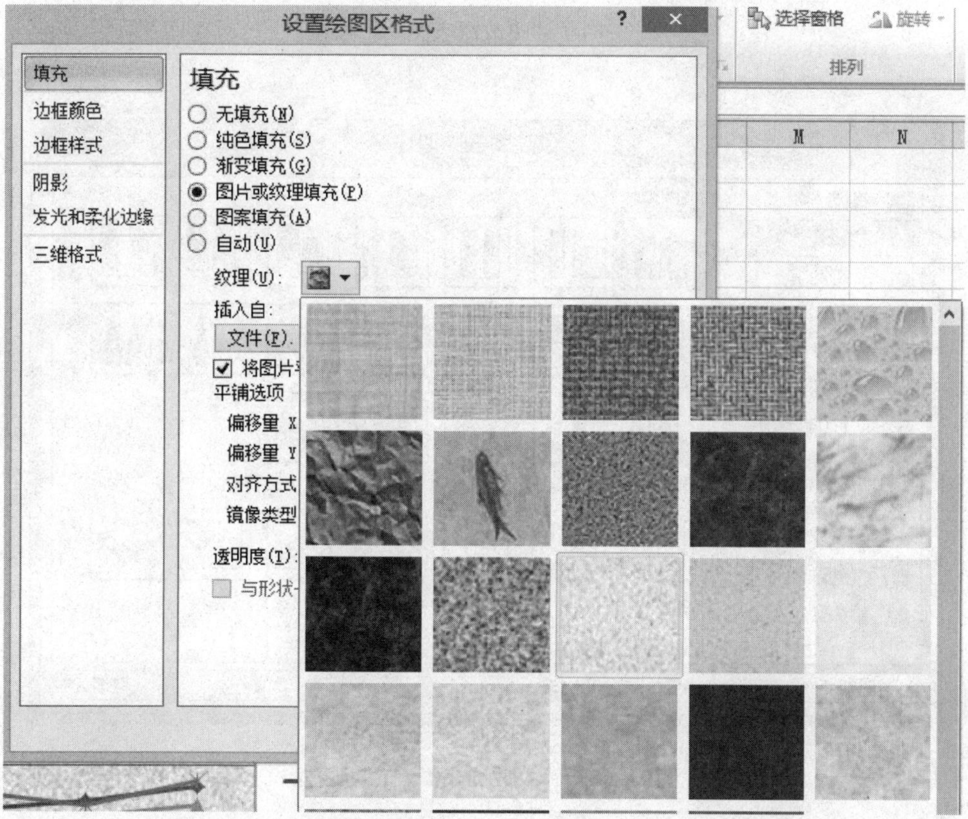

图 3-63　选择绘图区纹理填充图案

⑧依照步骤⑦的方法，打开“设置图表区格式”对话框，在对话框左侧单击“填充”选项，右侧单选“图片或纹理填充”，单击“纹理”，右侧的小箭头，打开纹理选择下拉列表框，从中选择“蓝色面巾纸”图案，然后单击“关闭”按钮，完成设置。

⑨单击“图表工具”“设计”选项卡，在“类型”组中单击“更改图表类型”按钮，如图3－64所示。打开“更改图表类型”对话框，如图3－65所示。在对话框左侧单击“柱形图”选项，右侧单击“簇状柱形图”按钮，然后单击“确定”按钮，完成设置。最后设置的效果如图3－66所示。

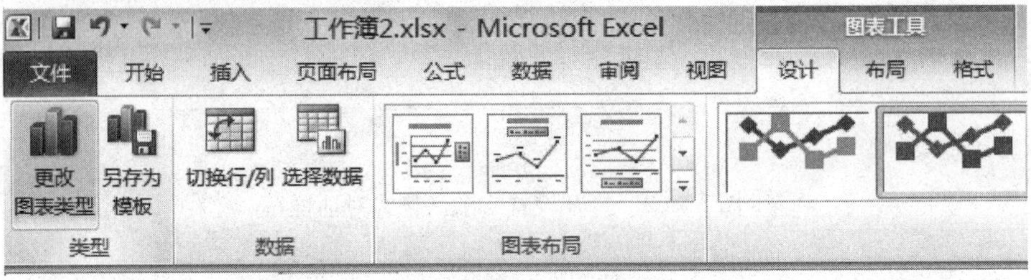

图3－64 “更改图表类型”按钮

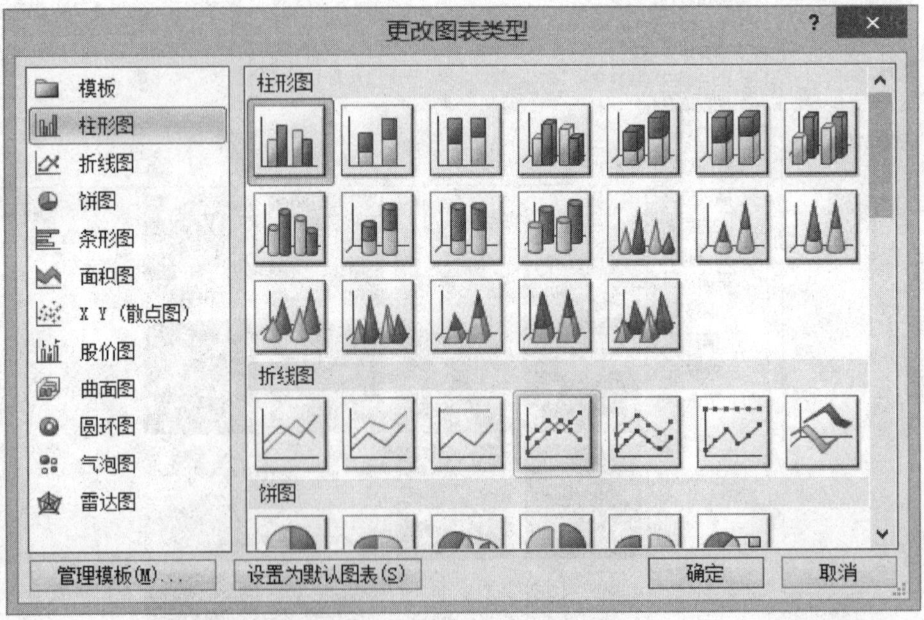

图3－65 “更改图表类型”对话框

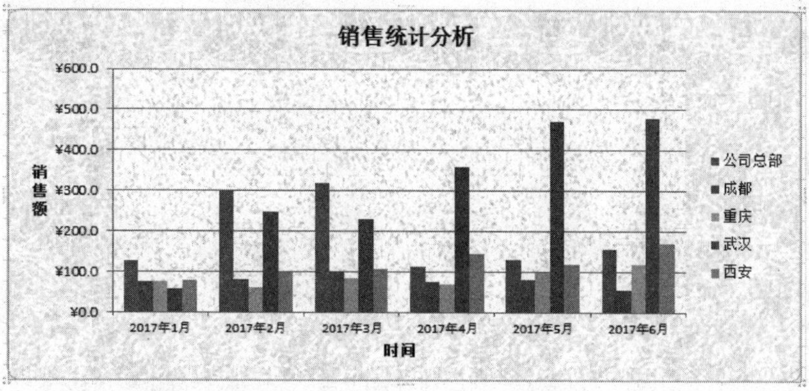

图 3－66 设置好的图表效果图

任务四　对××杂志社人事表进行排序和分类汇总

【任务目标】

- 掌握数据排序的操作步骤
- 理解主要关键字和次要关键字
- 掌握分类汇总的操作步骤

【任务引入】

已知××杂志社的人事表，现在要对它进行排序和分类汇总，以详细了解该社的人员年龄构成状况，为下一步的人员引进提供借鉴。

【任务分析】

本任务通过对××杂志社人事表进行排序和分类汇总，介绍了 Excel 2010 中排序、分类汇总的功能和应用步骤。

范例如图 3－67 所示。

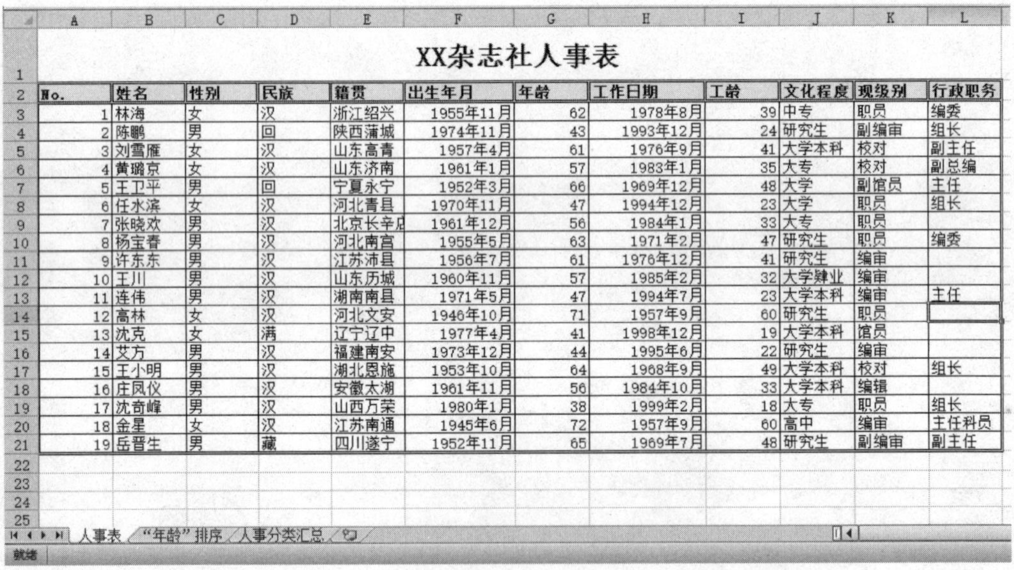

XX杂志社人事表

No.	姓名	性别	民族	籍贯	出生年月	年龄	工作日期	工龄	文化程度	现级别	行政职务
1	林海	女	汉	浙江绍兴	1955年11月	62	1978年8月	39	中专	职员	编委
2	陈鹏	男	回	陕西蒲城	1974年11月	43	1993年12月	24	研究生	副编审	组长
3	刘雪雁	女	汉	山东高青	1957年4月	61	1976年9月	41	大学本科	校对	副主任
4	黄璐京	女	汉	山东济南	1961年1月	57	1983年1月	35	大专	校对	副总编
5	王卫平	男	回	宁夏永宁	1952年3月	66	1969年12月	48	大学	副馆员	主任
6	任水滨	女	汉	河北青县	1970年11月	47	1994年12月	23	大学	职员	组长
7	张晓欢	男	汉	北京长辛店	1961年12月	56	1984年1月	33	大专	职员	
8	杨宝春	男	汉	河北南宫	1955年5月	63	1971年2月	47	研究生	职员	编委
9	许东东	男	汉	江苏沛县	1956年7月	61	1976年12月	41	研究生	编审	
10	王川	男	汉	山东历城	1960年11月	57	1985年2月	32	大学肄业	编审	
11	连伟	男	汉	湖南南县	1971年5月	47	1994年7月	23	大学本科	编审	主任
12	高林	女	汉	河北文安	1946年10月	71	1957年9月	60	研究生	职员	
13	沈克	女	满	辽宁辽中	1977年4月	41	1998年12月	19	大学本科	馆员	
14	艾方	男	汉	福建南安	1973年12月	44	1995年6月	22	研究生	编审	
15	王小明	男	汉	湖北恩施	1953年10月	64	1968年9月	49	大学本科	校对	组长
16	庄凤仪	男	汉	安徽太湖	1961年11月	56	1984年10月	33	大学本科	编辑	
17	沈奇峰	男	汉	山西万荣	1980年1月	38	1999年2月	18	大专	职员	组长
18	金星	女	汉	江苏南通	1945年6月	72	1957年9月	60	高中	编审	主任科员
19	岳晋生	男	藏	四川遂宁	1952年11月	65	1969年7月	48	研究生	副编审	副主任

图 3－67　工作簿效果图

要求如下：

1. 工作簿包含三个工作表“人事表”“‘年龄’排序”和“人事分类汇总”。

2. “人事表”标题行设置为浅红色背景，标题选择设置为宋体、20 号、加粗、跨列居中、垂直居中。

3. 将“人事表”工作表中的数据复制到“‘年龄’排序”工作表，按“年龄”进行降序排列。

4. 将“人事表”工作表中的数据复制到“人事分类汇总”工作表，按性别分类，按年龄、工龄汇总，汇总方式是求平均。

活动 1 完成工作表数据的录入

①打开 Excel 2010，给工作表“Sheet1”重命名为“人事表”，工作表“Sheet2”重命名为“‘年龄’排序”，工作表“Sheet3”重命名为“人事分类汇总”，如图 3－68 所示。

②适当调整第一行行高，将表格标题选择设置为宋体、20 号、加粗、居中、垂直居中，如图 3－69 所示。

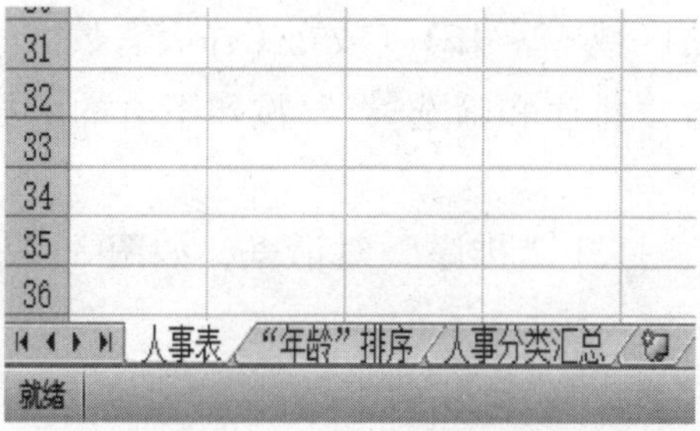

图 3－68 工作表重命名

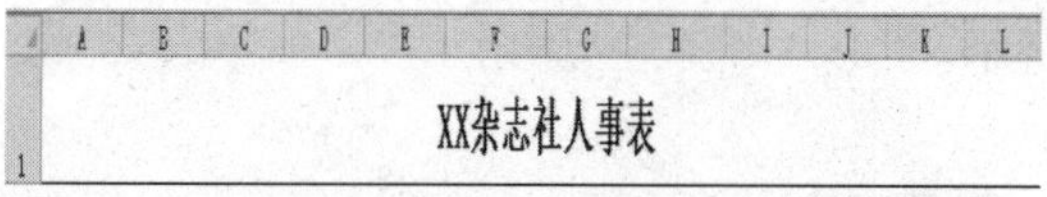

图 3－69 标题行

③输入表头，并将表头用浅粉色填充，如图 3－70 所示。设置表格边框。

2	No.	姓名	性别	民族	籍贯	出生年月	年龄	工作日期	工龄	文化程度	现级别	行政职务

图 3－70 表头

④输入“人事表”中的其他数据，效果如图 3－71 所示。

XX杂志社人事表

No.	姓名	性别	民族	籍贯	出生年月	年龄	工作日期	工龄	文化程度	现级别	行政职务
1	林海	女	汉	浙江绍兴	1955年11月	62	1978年8月	39	中专	职员	编委
2	陈鹏	男	回	陕西蒲城	1974年11月	43	1993年12月	24	研究生	副编审	组长
3	刘雪雁	女	汉	山东高青	1957年4月	61	1976年9月	41	大学本科	校对	副主任
4	黄璐京	女	汉	山东济南	1961年1月	57	1983年1月	35	大专	校对	副总编
5	王卫平	男	回	宁夏永宁	1952年3月	66	1969年12月	48	大学	副馆员	主任
6	任水滨	女	汉	河北青县	1970年11月	47	1994年12月	23	大学	职员	组长
7	张晓欢	男	汉	北京长辛店	1961年12月	56	1984年1月	33	大专	职员	
8	杨宝春	男	汉	河北南宫	1955年5月	63	1971年2月	47	研究生	职员	编委
9	许东东	男	汉	江苏沛县	1956年7月	61	1976年12月	41	研究生	编审	
10	王川	男	汉	山东历城	1960年11月	57	1985年2月	32	大学肄业	编审	
11	连伟	男	汉	湖南南县	1971年5月	47	1994年7月	23	大学本科	编审	主任
12	高林	女	汉	河北文安	1946年10月	71	1957年9月	60	研究生	职员	
13	沈克	女	满	辽宁辽中	1977年4月	41	1998年12月	19	大学本科	馆员	
14	艾方	男	汉	福建南安	1973年12月	44	1995年6月	22	研究生	编审	
15	王小明	男	汉	湖北恩施	1953年10月	64	1968年9月	49	大学本科	校对	组长
16	庄凤仪	男	汉	安徽太湖	1961年11月	56	1984年10月	33	大学本科	编辑	
17	沈奇峰	男	汉	山西万荣	1980年1月	38	1999年2月	18	大专	职员	组长
18	金星	女	汉	江苏南通	1945年6月	72	1957年9月	60	高中	编审	主任科员
19	岳晋生	男	藏	四川遂宁	1952年11月	65	1969年7月	48	研究生	副编审	副主任

图 3－71 “人事表”效果图

活动2　数据排序

重新安排工作表中行的顺序称为排序。下面将复制“人事表”的数据到“‘年龄’排序”工作表中，按“年龄”进行降序排列。

①在“人事表”工作表中，选定 A1：L21 单元格中的数据。

②单击“开始”选项卡，在“剪贴板”组中，单击“复制”按钮。

③单击“‘年龄’排序”工作表，在工作表中，选定 A1 单元格。

④在“剪贴板”组中，单击“粘贴”按钮。

⑤在“‘年龄’排序”工作表中，选定单元格区域 A2：L21（或在工作表有数据的区域任意位置点击一下），在“编辑”组中，单击“排序和筛选”按钮下方的下拉箭头，出现下拉菜单，如图 3－72 所示。

⑥在下拉菜单中，选择“自定义排序”命令，打开“排序”对话框，如图 3－73 所示。

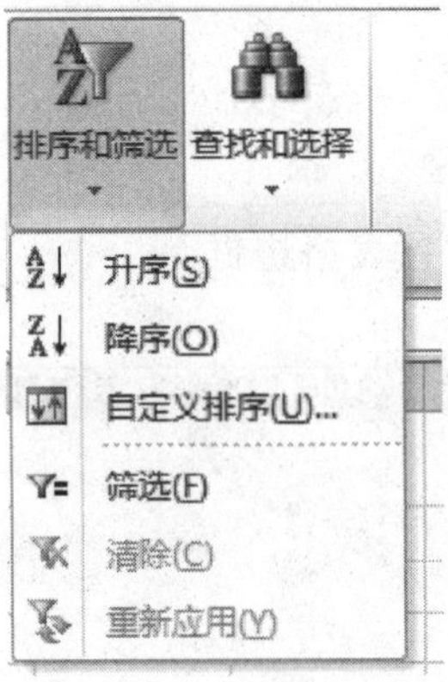

图 3－72　排序和筛选

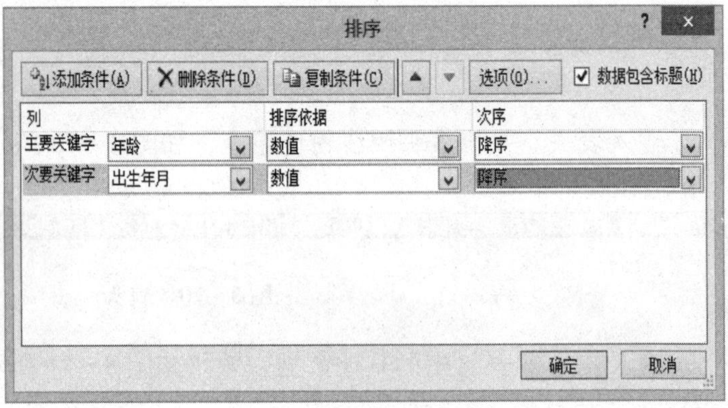

图 3－73　“排序”对话框

⑦在“排序”对话框中，将“主要关键字”设为“年龄”，“排序依据”设为“数值”，“次序”设为“降序”。

⑧单击“添加条件”按钮，将“次要关键字”设为“出生年月”，“排序依据”设为“数值”，“次序”设为“降序”，单击“确定”按钮。排序结果如图 3－74 所示。

【提示】在“排序”对话框中单击“添加条件”按钮，可以根据需要增加第二关键字、第三关键字等。当“主要关键字”值相同时，“次要关键字”才发挥作用。同理，“主要关键字”和“次要关键字”都相同，“第三关键字”才发挥作用。

在排序时，排序依据根据某列单元格的“值”，也可以是“单元格颜色”“字体颜色”或“单元格图标”等。

在 Excel 表中，行称为记录，列称为字段（关键字）。

XX杂志社人事表

No.	姓名	性别	民族	籍贯	出生年月	年龄	工作日期	工龄	文化程度	现级别	行政职务
18	金星	女	汉	江苏南通	1945年6月	72	1957年9月	60	高中	编审	主任科员
12	高林	女	汉	河北文安	1946年10月	71	1957年9月	60	研究生	职员	
5	王卫平	男	回	宁夏永宁	1952年3月	66	1969年12月	48	大学	副馆员	主任
19	岳晋生	男	藏	四川遂宁	1952年11月	65	1969年7月	48	研究生	副编审	副主任
15	王小明	男	汉	湖北恩施	1953年10月	64	1968年9月	49	大学本科	校对	组长
8	杨宝春	男	汉	河北南宫	1955年5月	63	1971年2月	47	研究生	职员	编委
1	林海	女	汉	浙江绍兴	1955年11月	62	1978年8月	39	中专	职员	编委
3	刘雪雁	女	汉	山东高青	1957年4月	61	1976年9月	41	大学本科	校对	副主任
9	许东东	男	汉	江苏沛县	1956年7月	61	1976年12月	41	研究生	编审	
4	黄璐京	女	汉	山东济南	1961年1月	57	1983年1月	35	大专	校对	副总编
10	王川	男	汉	山东历城	1960年11月	57	1985年2月	32	大学肄业	编审	
7	张晓欢	男	汉	北京长辛店	1961年12月	56	1984年1月	33	大专	职员	
16	庄凤仪	男	汉	安徽太湖	1961年11月	56	1984年10月	33	大学本科	编辑	
11	连伟	男	汉	湖南南县	1971年5月	47	1994年7月	23	大学本科	编审	主任
6	任水滨	女	汉	河北青县	1970年11月	47	1994年12月	23	大学	职员	组长
14	艾方	男	汉	福建南安	1973年12月	44	1995年6月	22	研究生	编审	
2	陈鹏	男	回	陕西蒲城	1974年11月	43	1993年12月	24	研究生	副编审	组长
13	沈克	女	满	辽宁辽中	1977年4月	41	1998年12月	19	大学本科	馆员	
17	沈奇峰	男	汉	山西万荣	1980年1月	38	1999年2月	18	大专	职员	组长

人事表　“年龄”排序　Sheet3

就绪　平均值：10439.56842

图 3－74　排序结果

活动 3　分类汇总

分类汇总就是根据工作表中某列的值（字段的值）进行分类，然后再进行汇总。下面使用分类汇总，统计出男、女职工的平均年龄。

①在工作表“人事表”中，将 A1：L21 区域的数据复制到“人事分类汇总”工作表中。

②在“人事分类汇总”工作表中，选定 A2：L21 单元格。

③单击“开始”选项卡，在“编辑”组中，单击“排序和筛选”按钮下方的向下箭头，在下拉菜单中，选择“自定义排序”命令，弹出“排序”对话框，选定“数据包含标题”复选框，将“人事分类汇总”工作表按“性别”进行排序，如图 3－75 所示。

XX杂志社人事表

No.	姓名	性别	民族	籍贯	出生年月	年龄	工作日期	工龄	文化程度	现级别	行政职务
2	陈鹏	男	回	陕西蒲城	1974年11月	43	1993年12月	24	研究生	副编审	组长
5	王卫平	男	回	宁夏永宁	1952年3月	66	1969年12月	48	大学	副馆员	主任
7	张晓欢	男	汉	北京长辛店	1961年12月	56	1984年1月	33	大专	职员	
8	杨宝春	男	汉	河北南宫	1955年5月	63	1971年2月	47	研究生	职员	编委
9	许东东	男	汉	江苏沛县	1956年7月	61	1976年12月	41	研究生	编审	
10	王川	男	汉	山东历城	1960年11月	57	1985年2月	32	大学肄业	编审	
11	连伟	男	汉	湖南南县	1971年5月	47	1994年7月	23	大学本科	编审	主任
14	艾方	男	汉	福建南安	1973年12月	44	1995年6月	22	研究生	编审	
15	王小明	男	汉	湖北恩施	1953年10月	64	1968年9月	49	大学本科	校对	组长
16	庄凤仪	男	汉	安徽太湖	1961年11月	56	1984年10月	33	大学本科	编辑	
17	沈奇峰	男	汉	山西万荣	1980年1月	38	1999年2月	18	大专	职员	组长
19	岳晋生	男	藏	四川遂宁	1952年11月	65	1969年7月	48	研究生	副编审	副主任
1	林海	女	汉	浙江绍兴	1955年11月	62	1978年8月	39	中专	职员	编委
3	刘雪雁	女	汉	山东高青	1957年4月	61	1976年9月	41	大学本科	校对	副主任
4	黄璐京	女	汉	山东济南	1961年1月	57	1983年1月	35	大专	校对	副总编
6	任水滨	女	汉	河北青县	1970年11月	47	1994年12月	23	大学	职员	组长
12	高林	女	汉	河北文安	1946年10月	71	1957年9月	60	研究生	职员	
13	沈克	女	满	辽宁辽中	1977年4月	41	1998年12月	19	大学本科	馆员	
18	金星	女	汉	江苏南通	1945年6月	72	1957年9月	60	高中	编审	主任科员

图 3－75　按“性别”排序

④选定“人事分类汇总”工作表中 A2：L21 单元格区域的数据，单击“数据”选项卡，在“分级显示”组中，找到“分类汇总”按钮，如图 3－76 所示。

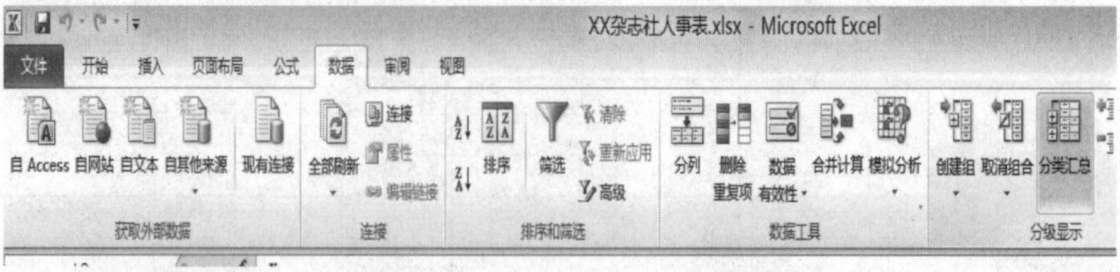

图 3－76 “分类汇总”按钮

⑤单击“分类汇总”按钮，打开“分类汇总”对话框，如图 3－77 所示。

⑥将“分类字段”设为“性别”，“汇总方式”设为“平均值”，在“选定汇总项”中，分别选定“年龄”“工龄”，选定“替换当前分类汇总”与“汇总结果显示在数据下方”复选框，单击“确定”按钮，完成分类汇总，结果如图 3－78 所示。

【提示】分类汇总结果窗口左侧的“－”用来进行折叠，若为“＋”，表示可以展开。若要取消分类汇总，则单击“分类汇总”对话框中的“全部删除”按钮。分类汇总前一定要按照要汇总的关键字进行排序，如性别。

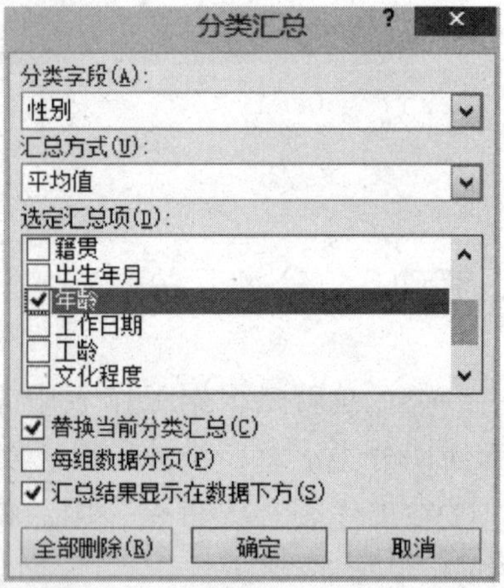

图 3－77 “分类汇总”对话框

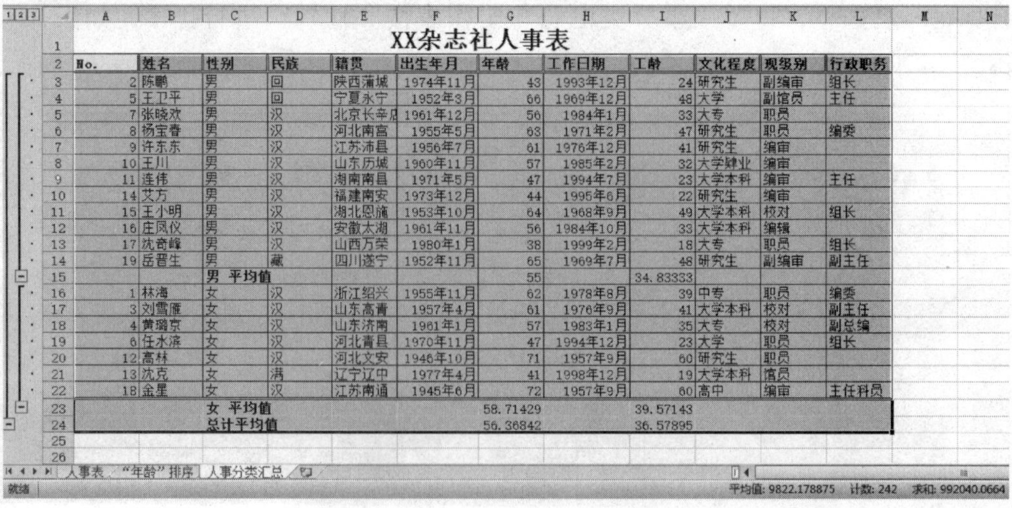

XX杂志社人事表

No.	姓名	性别	民族	籍贯	出生年月	年龄	工作日期	工龄	文化程度	现级别	行政职务
2	陈鹏	男	回	陕西蒲城	1974年11月	43	1993年12月	24	研究生	副编审	组长
5	王卫平	男	回	宁夏永宁	1952年3月	66	1969年12月	48	大学	副馆员	主任
7	张晓欢	男	汉	北京长辛店	1961年12月	56	1984年1月	33	大专	职员	
8	杨宝春	男	汉	河北南宫	1955年5月	63	1971年2月	47	研究生	职员	编委
9	许东东	男	汉	江苏沛县	1956年7月	61	1976年12月	41	研究生	编审	
10	王川	男	汉	山东历城	1960年11月	57	1985年2月	32	大学肄业	编审	
11	连伟	男	汉	湖南南县	1971年5月	47	1994年7月	23	大学本科	编审	主任
14	艾方	男	汉	福建南安	1973年12月	44	1995年6月	22	研究生	编审	
15	王小明	男	汉	湖北恩施	1953年10月	64	1968年9月	49	大学本科	校对	组长
16	庄凤仪	男	汉	安徽太湖	1961年11月	56	1984年10月	33	大学本科	编辑	
17	沈奇峰	男	汉	山西万荣	1980年1月	38	1999年2月	18	大专	职员	组长
19	岳晋生	男	藏	四川遂宁	1952年11月	65	1969年7月	48	研究生	副编审	副主任
		男 平均值				55		34.83333			
1	林海	女	汉	浙江绍兴	1955年11月	62	1978年8月	39	中专	职员	编委
3	刘雪雁	女	汉	山东高青	1957年4月	61	1976年9月	41	大学本科	校对	副主任
4	黄璐京	女	汉	山东济南	1961年1月	57	1983年1月	35	大专	校对	副总编
6	任水滨	女	汉	河北青县	1970年11月	47	1994年12月	23	大学	职员	组长
12	高林	女	汉	河北文安	1946年10月	71	1957年9月	60	研究生	职员	
13	沈克	女	满	辽宁辽中	1977年4月	41	1998年12月	19	大学本科	馆员	
18	金星	女	汉	江苏南通	1945年6月	72	1957年9月	60	高中	编审	主任科员
		女 平均值				58.71429		39.57143			
		总计平均值				56.36842		36.57895			

图 3－78 分类汇总结果

任务五 公司库房出入库数据的筛选透视

【任务目标】

- 掌握自动筛选和高级筛选的操作步骤
- 掌握筛选条件的构造
- 掌握取消筛选效果的方法
- 理解“与”和“或”的含义
- 掌握通配符的使用
- 掌握数据透视表和数据透视图创建的一般步骤
- 熟悉数据透视图表的组成部分

【任务引入】

科源有限公司要对 1 号库房和 2 号库房的出入库记录进行筛选和数据透视分析，以便公司的决策者充分掌握有效的仓库出入库情况。

【任务分析】

本任务通过对公司库房出、入库数据的统计分析，详细介绍了 Excel 2010 中的自动筛选、高级筛选、数据透视表、数据透视图等的数据分析方法。通过本任务的学习，可以熟悉上述数据分析方法的基本操作，并熟练运用解决实际问题。

范例如图 3 - 79 所示。

	A	B	C	D	E	F	G	H	I
1	编号	入库/出库	日期	产品品种	产品名称	规格	数量	录入员代	备注
2	NO-1-0001	入库	2017/5/7	计算机	华硕	F85v 笔记本	3	111	
3	NO-1-0002	出库	2017/5/7	数码相机	尼康	S550	10	111	
4	NO-1-0003	入库	2017/5/8	手机	诺基亚	N95	508	112	
5	NO-1-0004	入库	2017/5/8	数码相机	佳能	A650 IS	5	111	
6	NO-1-0005	入库	2017/5/8	手机	三星	E848	4	113	
7	NO-1-0006	出库	2017/5/9	手机	多普达	P660	6	112	
8	NO-1-0007	出库	2017/5/10	计算机	DELL	1200笔记本	3	111	
9	NO-1-0008	入库	2017/5/12	数码摄像机	索尼	SR65E	1	111	
10	NO-1-0009	入库	2017/5/12	数码相机	索尼	W150	2	113	
11	NO-1-0010	出库	2017/5/13	数码摄像机	JVC	GZ-MG130	5	113	
12	NO-1-0011	入库	2017/5/15	手机	诺基亚	5300	10	113	
13	NO-1-0012	出库	2017/5/20	数码相机	佳能	IXUS 90	8	111	
14	NO-1-0013	入库	2017/5/20	计算机	华硕	A8H237 笔记本	6	111	
15	NO-1-0014	出库	2017/5/20	数码相机	佳能	IXUS 960 IS	9	113	
16	NO-1-0015	入库	2017/5/21	移动硬盘	联想	奥运纪念款160G	10	112	
17	NO-1-0016	出库	2017/5/25	计算机	DELL	Vostor 200DT 台式机	20	112	
18	NO-1-0017	入库	2017/5/25	计算机	三星	R26 笔记本	5	113	
19	NO-1-0018	出库	2017/5/25	数码相机	尼康	S550	10	113	
20	NO-1-0019	入库	2017/5/25	手机	诺基亚	N81	10	113	
21	NO-1-0020	出库	2017/5/30	计算机	联想	F41A 笔记本	10	113	
22	NO-2-0001	入库	2017/5/7	计算机	华硕	F85v笔记本	10	211	
23	NO-2-0002	入库	2017/5/8	手机	尼康	S550	2	211	
24	NO-2-0003	入库	2017/5/8	计算机	诺基亚	N95	10	211	
25	NO-2-0004	出库	2017/5/8	手机	佳能	A650 IS	5	211	
26	NO-2-0005	出库	2017/5/9	手机	三星	E848	6	211	
27	NO-2-0006	入库	2017/5/9	计算机	多普达	P660	8	211	

汇总表 / 自动筛选 / 高级筛选 / 各种产品的出入库次数数据透视表 / 透视图 / 数据透视

就绪

图 3 - 79 任务整体效果图

要求如下：

1. 将 1 号库房和 2 号库房出入库情况合并到“汇总表”工作表中。
2. 筛选出出、入库数量最多的 3 个数据。

3. 筛选出 111 号和 112 号录入员录入的数据。

4. 筛选出所有的笔记本计算机的数据。

5. 筛选出 5 月中旬的出、入库记录。

6. 筛选出 5 月入库的所有华硕产品。

7. 筛选出 5 月入库产品的数据。

8. 筛选出 5 月中、下旬的出、入库的手机记录。

9. 筛选出 5 月中、下旬出、入库的数量不少于 10 的华硕产品和 5 月出、入库的诺基亚产品的数据。

10. 筛选出 5 月中、下旬出、入库的所有华硕和诺基亚产品中数量不少于 10 的数据。

11. 以“产品品种”为“报表筛选”，以“产品名称”为“行标签”，以“入库/出库”为“列标签”（“图例字段”），以“数量”为“计数项”，建立数据透视表（透视图）。

活动 1　建立工作簿文件，完成数据的复制

①打开任务一中建立的工作簿文件“出入库统计表”，并另存为“出入库数据分析”。

②将“汇总表”选中，单击“开始”选项卡，在“编辑”组中，单击“清除 清除·”按钮，打开下拉菜单，选择“全部清除”菜单项命令，将原有数据及格式全部清除。

③将“1 号库房出、入库明细”工作表和“2 号库房出、入库明细”工作表的数据全部复制到“汇总表”中，作为后续筛选透视的基础数据，删除“1 号库房出、入库明细”工作表和“2 号库房出、入库明细”工作表，数据如图 3-80 所示。

	A	B	C	D	E	F	G	H	I
1	编号	入库/出库	日期	产品品种	产品名称	规格	数量	录入员代	备注
2	NO-1-0001	入库	2017/5/7	计算机	华硕	F85v 笔记本	3	111	
3	NO-1-0002	出库	2017/5/7	数码相机	尼康	S550	10	111	
4	NO-1-0003	入库	2017/5/8	手机	诺基亚	N95	508	112	
5	NO-1-0004	入库	2017/5/8	数码相机	佳能	A650 IS	5	111	
6	NO-1-0005	入库	2017/5/8	手机	三星	E848	4	113	
7	NO-1-0006	出库	2017/5/9	手机	多普达	P660	6	112	
8	NO-1-0007	出库	2017/5/10	计算机	DELL	1200笔记本	3	111	
9	NO-1-0008	入库	2017/5/12	数码摄像机	索尼	SR65E	1	111	
10	NO-1-0009	入库	2017/5/12	数码相机	索尼	W150	2	113	
11	NO-1-0010	出库	2017/5/13	数码摄像机	JVC	GZ-MG130	5	113	
12	NO-1-0011	入库	2017/5/15	手机	诺基亚	5300	10	113	
13	NO-1-0012	出库	2017/5/20	数码相机	佳能	IXUS 90	8	111	
14	NO-1-0013	入库	2017/5/20	计算机	华硕	A8H237 笔记本	6	111	
15	NO-1-0014	出库	2017/5/20	数码相机	佳能	IXUS 960 IS	9	113	
16	NO-1-0015	入库	2017/5/21	移动硬盘	联想	奥运纪念款160G	10	112	
17	NO-1-0016	出库	2017/5/25	计算机	DELL	Vostor 200DT 台式机	20	112	
18	NO-1-0017	入库	2017/5/25	计算机	三星	R26 笔记本	5	113	
19	NO-1-0018	出库	2017/5/25	数码相机	尼康	S550	10	113	
20	NO-1-0019	入库	2017/5/25	手机	诺基亚	N81	10	113	
21	NO-1-0020	出库	2017/5/30	计算机	联想	F41A 笔记本	10	113	
22	NO-2-0001	入库	2017/5/7	计算机	华硕	F85v笔记本	10	211	
23	NO-2-0002	入库	2017/5/8	手机	尼康	S550	2	211	
24	NO-2-0003	入库	2017/5/8	计算机	诺基亚	N95	10	211	
25	NO-2-0004	出库	2017/5/8	手机	佳能	A650 IS	5	211	
26	NO-2-0005	出库	2017/5/9	手机	三星	E848	6	211	
27	NO-2-0006	入库	2017/5/9	计算机	多普达	P660	8	211	
28	NO-2-0007	出库	2017/5/10	数码相机	华硕	F85v笔记本	5	211	
29	NO-2-0008	入库	2017/5/10	手机	尼康	S550	7	211	
30	NO-2-0009	出库	2017/5/10	数码相机	诺基亚	N95	5	211	
31	NO-2-0010	入库	2017/5/12	计算机	佳能	A650 IS	10	211	
32	NO-2-0011	出库	2017/5/12	计算机	三星	E848	5	211	
33	NO-2-0012	入库	2017/5/12	计算机	多普达	P660	1	211	
34	NO-2-0013	出库	2017/5/12	数码相机	华硕	F85v笔记本	1	211	
35	NO-2-0014	入库	2017/5/20	手机	尼康	S550	2	211	
36	NO-2-0015	出库	2017/5/21	数码摄像机	诺基亚	N95	5	211	
37	NO-2-0016	入库	2017/5/22	计算机	佳能	A650 IS	1	211	
38	NO-2-0017	入库	2017/5/23	计算机	三星	E848	5	211	
39	NO-2-0018	出库	2017/5/25	数码摄像机	多普达	P660	6	211	
40	NO-2-0019	入库	2017/5/27	数码相机	华硕	F85v笔记本	1	211	
41	NO-2-0020	出库	2017/5/29	计算机	尼康	S550	5	211	
42									

汇总表

图 3-80　将公司 1 号、2 号库房的数据全部汇总到“汇总表”

④复制 3 张“汇总表”：鼠标单击“汇总表”的工作表标签，按住 Ctrl 键，使用鼠标向右拖动，释放鼠标按键，得到“汇总表（2）”工作表，按此方法，得到“汇总表（3）”和“汇总表（4）”，如图 3－81 所示。

⑤将复制的 3 张工作表更名为“自动筛选”“高级筛选”和“数据透视”，工作表标签如图 3－82 所示。

图 3－81 复制 3 张“汇总表”时的工作表标签

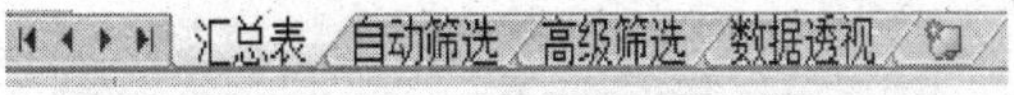

图 3－82 重命名后的 3 张工作表的标签

活动 2 自动筛选

自动筛选，就是在列的下拉列表中制造条件，将满足条件的数据行留下，不满足条件的数据行隐藏起来，以达到显示某些满足某条件的某些数据的目的。设置了自动筛选条件的列的下拉箭头会变成蓝色，而筛选出的数据行的行标也会是蓝色的。

如果我们想恢复全部数据，可以单击“数据”选项卡，“排序和筛选”组中的“清除”按钮，消除筛选效果。

2.1 自动筛选的准备

①切换到“自动筛选”工作表中，单击数据表的任一位置。

②在“数据”选项卡的“排序和筛选”组中，点击“筛选  ”按钮，这时可看到，每个列标题的右侧出现了一个  下拉箭头，如图 3－83 所示。

③我们可以根据需要，在每个列的箭头处打开下拉列表，如图 3－84 所示，在其中构造筛选的条件实现自动筛选。

图 3－83 自动筛选的准备

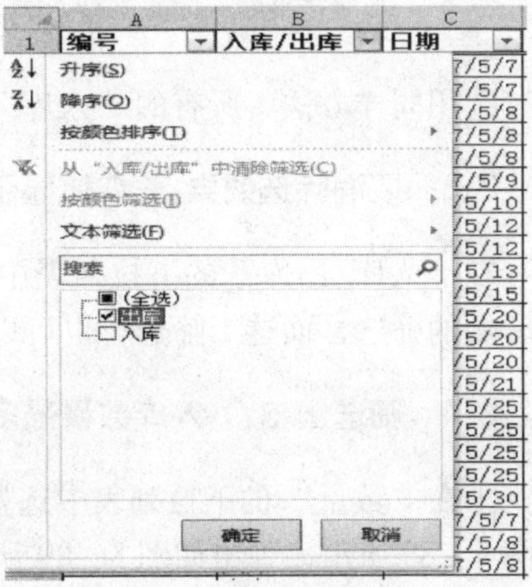

图 3－84 筛选条件的下拉列表

2.2 实现筛选结果的整体替换

①在“入库/出库”列的下拉列表中选择“出库”，得到该列中所填列的数据为“出库”的全部数据行，如图3－85所示。

②将其一次性地替换为“出”，如图3－86所示。

	A	B
1	编号	入库/出库
3	NO-1-0002	出库
7	NO-1-0006	出库
8	NO-1-0007	出库
11	NO-1-0010	出库
13	NO-1-0012	出库
15	NO-1-0014	出库
17	NO-1-0016	出库
19	NO-1-0018	出库
21	NO-1-0020	出库
25	NO-2-0004	出库
26	NO-2-0005	出库
28	NO-2-0007	出库
30	NO-2-0009	出库
32	NO-2-0011	出库
34	NO-2-0013	出库
36	NO-2-0015	出库
39	NO-2-0018	出库
41	NO-2-0020	出库
42		

图3－85 筛选出“入库/出库”中值为“出库”的数据行

	A	B
1	编号	入库/出库
3	NO-1-0002	出
7	NO-1-0006	出
8	NO-1-0007	出
11	NO-1-0010	出
13	NO-1-0012	出
15	NO-1-0014	出
17	NO-1-0016	出
19	NO-1-0018	出
21	NO-1-0020	出
25	NO-2-0004	出
26	NO-2-0005	出
28	NO-2-0007	出
30	NO-2-0009	出
32	NO-2-0011	出
34	NO-2-0013	出
36	NO-2-0015	出
39	NO-2-0018	出
41	NO-2-0020	出
42		

图3－86 将所有的“出库”替换为“出”

③用同样方法将所有的“入库”替换为“入”。

2.3 取消筛选效果，恢复显示全部数据行

在“入库/出库”的下拉列表中选择“全选”，如图3－87所示，这样就取消了刚才所做的筛选，而这个筛选，也可以理解为筛选出全部的数据行。

2.4 筛选出出、入库数量最多的3个数据

①在“数量”的下拉列表中选择“数字筛选”的子菜单项命令“10个最大的值”，如图3－88所示，弹出如图3－89所示的“自动筛选前10个”对话框。

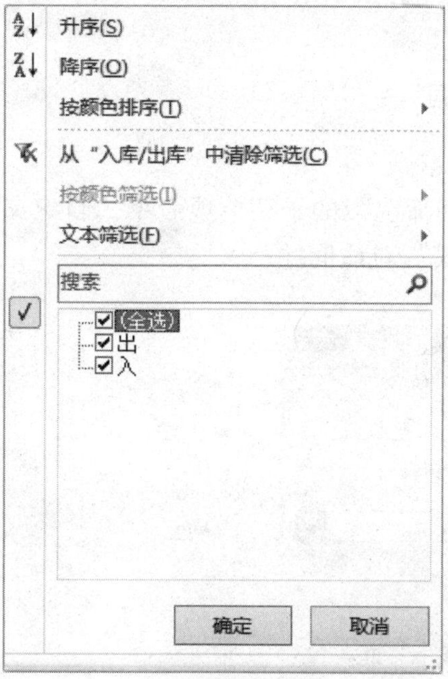

图 3－87　显示全部行

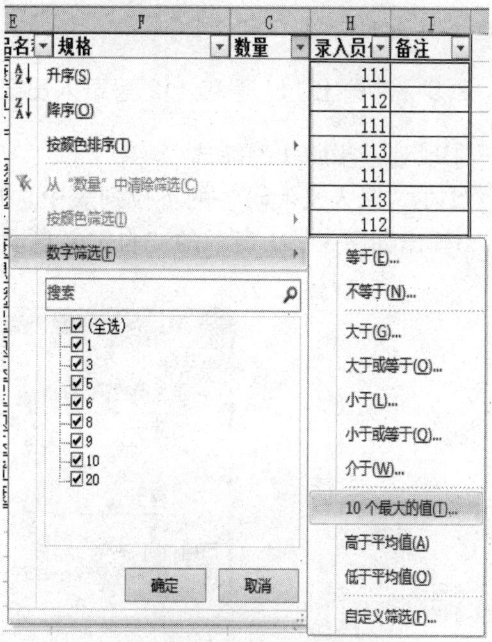

图 3－88　筛选“前 10 个”

②在“自动筛选前 10 个”对话框中选择显示“最大”的“3”“项”，单击“确定”按钮，得到筛选结果，如图 3－90 所示。

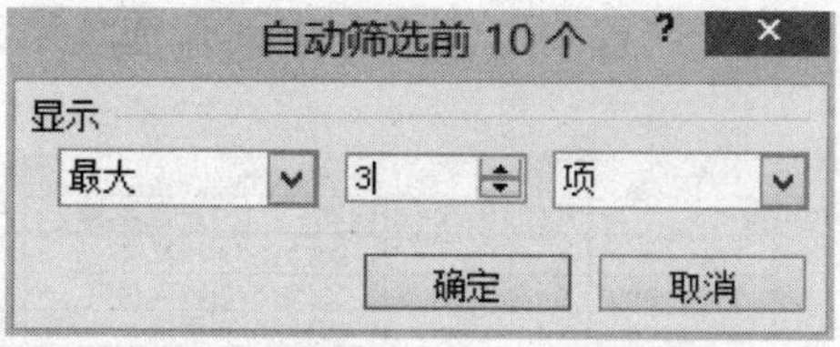

图 3－89　“自动筛选前 10 个”对话框

【提示】

这里之所以并不是 3 行而是 11 行，是由于选择显示的是最大的 3 项，即最大的 3 种值的数据行，而第 3 重值“10”，有 10 行数据的数量都是 10，所以都显示了出来。

	A	B	C	D	E	F	G	H	I
1	编号	入库/出库	日期	产品品种	产品名称	规格	数量	录入员	备注
3	NO-1-0002	出	2017/5/7	数码相机	尼康	S550	10	111	
4	NO-1-0003	入	2017/5/8	手机	诺基亚	N95	508	112	
12	NO-1-0011	入	2017/5/15	手机	诺基亚	5300	10	113	
16	NO-1-0015	入	2017/5/21	移动硬盘	联想	奥运纪念款160G	10	112	
17	NO-1-0016	出	2017/5/25	计算机	DELL	Vostor 200DT 台式机	20	112	
19	NO-1-0018	出	2017/5/25	数码相机	尼康	S550	10	113	
20	NO-1-0019	入	2017/5/25	手机	诺基亚	N81	10	113	
21	NO-1-0020	出	2017/5/30	计算机	联想	F41A 笔记本	10	113	
22	NO-2-0001	入	2017/5/7	计算机	华硕	F85v笔记本	10	211	
24	NO-2-0003	入	2017/5/8	计算机	诺基亚	N95	10	211	
31	NO-2-0010	入	2017/5/12	计算机	佳能	A650 IS	10	211	

图 3－90　筛选出前“3”个最大的数量值的数据行

可以筛选出最大或最小的前 N 项或百分之 N 的数据行，是自动筛选才具备而高级筛选不具备的功能。

2.5　筛选出 111 号和 112 号录入员录入的数据

①取消上步所作的筛选。

②在“录入员代码”的下拉列表中选择“数字筛选”的子菜单项命令“自定义筛选”，弹出如图 3－91 所示的“自定义自动筛选方式”对话框。

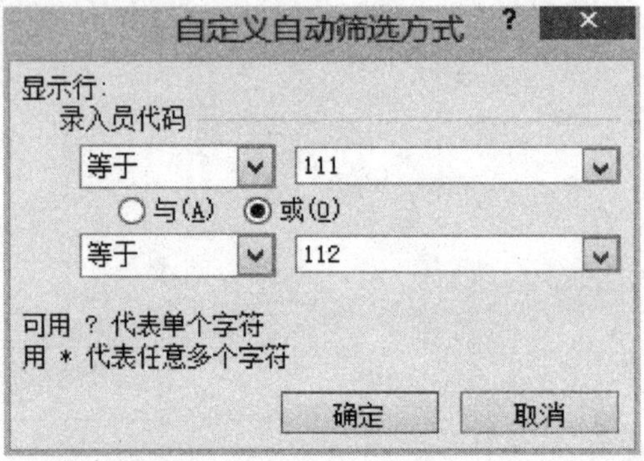

图 3－91　值为 2 种值的“自定义自动筛选方式”对话框里的设置

③在“自定义自动筛选方式”对话框中设置筛选条件为“等于 111”或“等于 112”，单击“确定”按钮，得到筛选结果，如图 3－92 所示。

	A	B	C	D	E	F	G	H	I
1	编号	入库/出库	日期	产品品种	产品名	规格	数量	录入员	备注
2	NO-1-0001	入	2017/5/7	计算机	华硕	F85v 笔记本	3	111	
3	NO-1-0002	出	2017/5/7	数码相机	尼康	S550	10	111	
4	NO-1-0003	入	2017/5/8	手机	诺基亚	N95	508	112	
5	NO-1-0004	入	2017/5/8	数码相机	佳能	A650 IS	5	111	
7	NO-1-0006	出	2017/5/9	手机	多普达	P660	6	112	
8	NO-1-0007	出	2017/5/10	计算机	DELL	1200笔记本	3	111	
9	NO-1-0008	入	2017/5/12	数码摄像机	索尼	SR65E	1	111	
13	NO-1-0012	出	2017/5/20	数码相机	佳能	IXUS 90	8	111	
14	NO-1-0013	入	2017/5/20	计算机	华硕	A8H237 笔记本	6	111	
16	NO-1-0015	入	2017/5/21	移动硬盘	联想	奥运纪念款160G	10	112	
17	NO-1-0016	出	2017/5/25	计算机	DELL	Vostor 200DT 台式机	20	112	

图 3－92　筛选出 111 号和 112 号录入员录入的数据

【提示】 这里要求筛选的叙述是“111”和“112”，但是我们在“自定义自动筛选方式”对话框里不能设置条件为“等于 111”与“等于 112”，因为二者分别具有如下的含义。

“等于 111”或“等于 112”：录入员代码是 111 的数据行或者录入员代码是 112 的数据行，这时，我们得到的就是 2 种录入员代码的数据的和，也就是符合筛选要求的“和”。

“等于 111”与“等于 112”：录入员代码既要是 111 又要同时是 112 的数据行，是没有哪个单元格里装的数据既等于 111 又等于 112 的，所以，如果设置了这样的条件，筛选结果将是 0 个数据行。

上述的设置筛选条件“等于 111”或“等于 112”，也可以设置成“小于或等于 112”，如图 3－93 所示，结果是相同的。

2.6　筛选出所有的笔记本计算机的数据

①取消上步所作的筛选。

②在“规格”的下拉列表中选择“文本筛选”的子菜单项命令“自定义筛选”，弹出“自定义自动筛选方式”对话框。

③在“自定义自动筛选方式”对话框中设置筛选条件为“结尾是笔记本”，如图 3－94 所示，单击“确定”按钮，得到筛选结果，如图 3－95 所示。

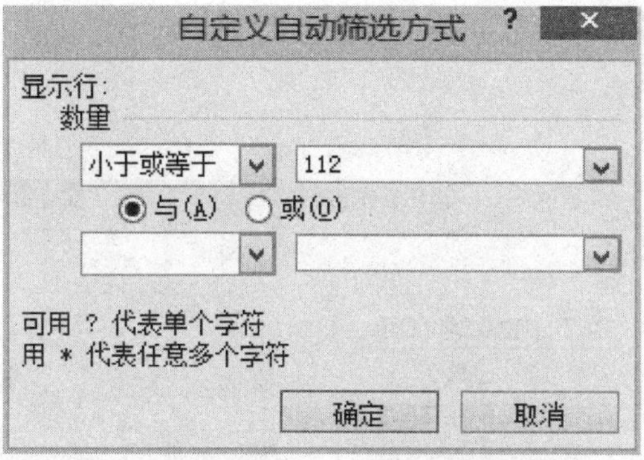

图 3－93　也可以合并为一种条件

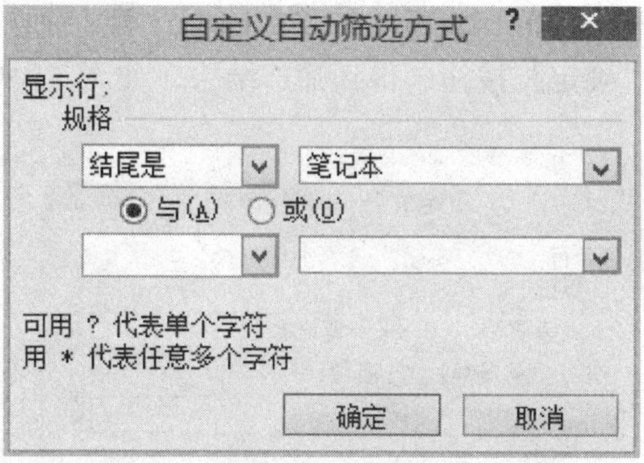

图 3－94　设置筛选“笔记本计算机”的自定义条件

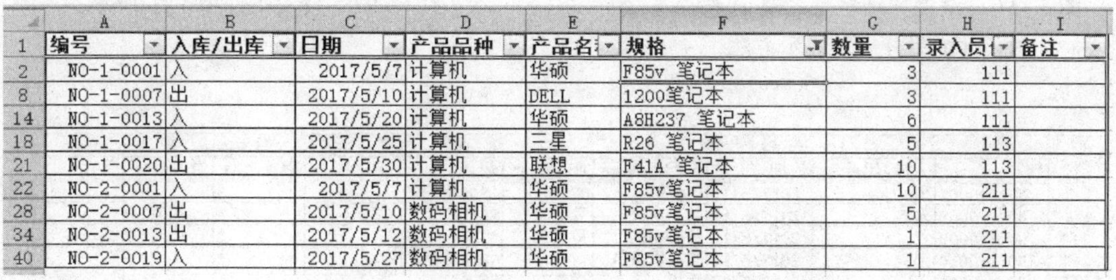

	A	B	C	D	E	F	G	H	I
1	编号	入库/出库	日期	产品品种	产品名	规格	数量	录入员	备注
2	NO-1-0001	入	2017/5/7	计算机	华硕	F85v 笔记本	3	111	
8	NO-1-0007	出	2017/5/10	计算机	DELL	1200笔记本	3	111	
14	NO-1-0013	入	2017/5/20	计算机	华硕	A8H237 笔记本	6	111	
18	NO-1-0017	入	2017/5/25	计算机	三星	R26 笔记本	5	113	
21	NO-1-0020	出	2017/5/30	计算机	联想	F41A 笔记本	10	113	
22	NO-2-0001	入	2017/5/7	计算机	华硕	F85v笔记本	10	211	
28	NO-2-0007	出	2017/5/10	数码相机	华硕	F85v笔记本	5	211	
34	NO-2-0013	出	2017/5/12	数码相机	华硕	F85v笔记本	1	211	
40	NO-2-0019	入	2017/5/27	数码相机	华硕	F85v笔记本	1	211	

图 3－95　筛选出所有的笔记本计算机的数据

【提示】由于所有的笔记本计算机的数据，都是以“笔记本”结尾的，故可以作如图 3－94 所示的设置，也可以设置为如图 3－96 所示的“等于＊笔记本”，这里利用了通配符“＊”，表示数据前面的字符可以为任意多个任意字符，最后以“笔记本”三个字结尾，单击“确定”按钮后，再次打开“自定义自动筛选方式”对话框，将会看到系统自动调整为如图 3－94 所示的设置了，因为这两种设置的含义是一样的。

在自定义筛选条件的时候，是可以利用两种通配符来构造条件值的：“?”表示该位置可以是任何一个字符，“＊”表示该位置可以是任意多个任意字符。

还有一种表示方法，是“包含笔记本”，使用这种方法表格中将筛选出一样的数据行，但是含义是不同的。“包含”表示整个字符串中出现了“笔记本”三个字，而这三个字的位置可能是开头、中间或者结尾。

2.7 筛选出5月中旬的出、入库记录

①取消上步所作的筛选。

②在“日期”的下拉列表中选择“日期筛选”的子菜单项命令“自定义筛选”，弹出“自定义自动筛选方式”对话框。

③在“自定义自动筛选方式”对话框中设置筛选条件为“在以下日期之后或与之相同 2017/5/10”与“在以下日期之前或与之相同 2017/5/20”，如图3-97所示，单击“确定”按钮，得到筛选结果，如图3-98所示。

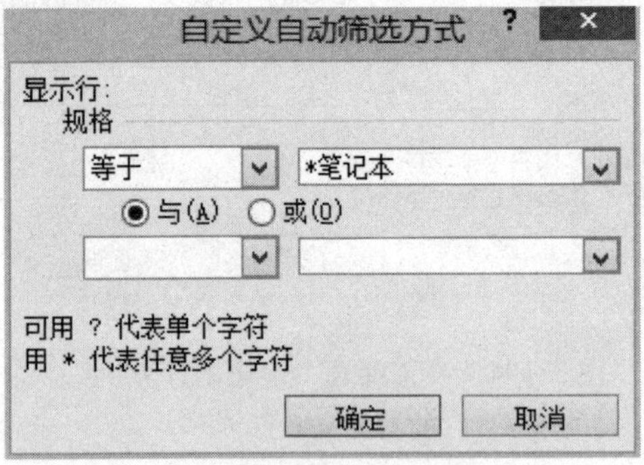

图3-96 设置“结尾是‘笔记本’”的条件的另外一种表示方法

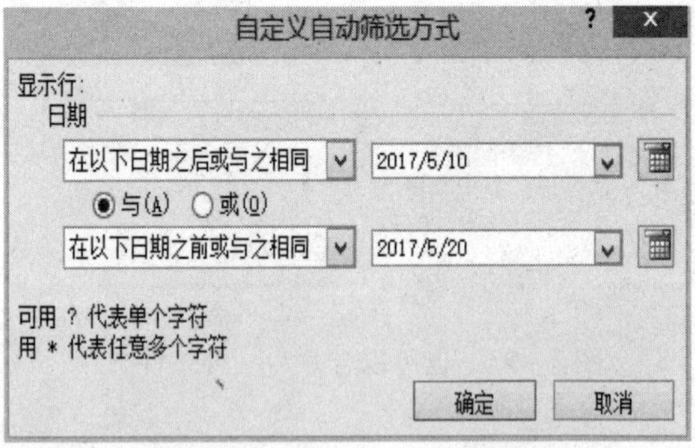

图3-97 设置条件为5月中旬的表示方法

	A	B	C	D	E	F	G	H	I
1	编号	入库/出库	日期	产品品种	产品名	规格	数量	录入员	备注
8	NO-1-0007	出	2017/5/10	计算机	DELL	1200笔记本	3	111	
9	NO-1-0008	入	2017/5/12	数码摄像机	索尼	SR65E	1	111	
10	NO-1-0009	入	2017/5/12	数码相机	索尼	W150	2	113	
11	NO-1-0010	出	2017/5/13	数码摄像机	JVC	GZ-MG130	5	113	
12	NO-1-0011	入	2017/5/15	手机	诺基亚	5300	10	113	
13	NO-1-0012	出	2017/5/20	数码相机	佳能	IXUS 90	8	111	
14	NO-1-0013	入	2017/5/20	计算机	华硕	A8H237 笔记本	6	111	
15	NO-1-0014	出	2017/5/20	数码相机	佳能	IXUS 960 IS	9	113	
28	NO-2-0007	出	2017/5/10	数码相机	华硕	F85v笔记本	5	211	
29	NO-2-0008	入	2017/5/10	手机	尼康	S550	7	211	
30	NO-2-0009	出	2017/5/10	数码相机	诺基亚	N95	5	211	
31	NO-2-0010	入	2017/5/12	计算机	佳能	A650 IS	10	211	
32	NO-2-0011	出	2017/5/12	计算机	三星	E848	5	211	
33	NO-2-0012	入	2017/5/12	计算机	多普达	P660	1	211	
34	NO-2-0013	出	2017/5/12	数码相机	华硕	F85v笔记本	1	211	
35	NO-2-0014	入	2017/5/20	手机	尼康	S550	2	211	

图3-98 筛选出5月中旬的出、入库记录

【提示】5 月中旬，也就是日期介于 5 月 10 日和 5 月 20 日之间的，我们可以表示为“在以下日期之后或与之相同 2017/5/10”，同时“在以下日期之前或与之相同 2017/5/20”，即图 3 - 95 中所设置的内容。

2.8　筛选出 5 月入库的所有华硕产品

①取消上步所作的筛选。

②在“入库/出库”的下拉列表中选择“入”，在“产品名称”的下拉列表中选择“华硕”，得到筛选结果，如图 3 - 99 所示。

	A	B	C	D	E	F	G	H	I
1	编号	入库/出库	日期	产品品种	产品名称	规格	数量	录入员代	备注
2	NO-1-0001	入	2017/5/7	计算机	华硕	F85v 笔记本	3	111	
14	NO-1-0013	入	2017/5/20	计算机	华硕	A8H237 笔记本	6	111	
22	NO-2-0001	入	2017/5/7	计算机	华硕	F85v笔记本	10	211	
40	NO-2-0019	入	2017/5/27	数码相机	华硕	F85v笔记本	1	211	

图 3 - 99　筛选出 5 月入库的所有华硕产品

【提示】本操作实现了筛选出同时满足两个条件列的数据行，即在两列中都构造了筛选条件。我们可以用自动筛选实现筛选同时满足多个条件列的数据行，从而隐藏没有全部满足这些条件的数据行，即多个列的条件必须是“与”的关系，才符合筛选出的条件。但是，如果只满足这些条件中的部分条件，即多个条件之间是“或”的关系，就无法用自动筛选来实现，只能借助于高级筛选来实现了。

活动 3　高级筛选

高级筛选，就是在数据区域的旁边（下方或右侧）写出筛选的条件（列标题和条件的表达式），根据所设置的条件，在原有数据区域或其他位置显示筛选结果。

条件区域和原数据区域之间至少要相隔一个空白行或一个空白列，即若要在原数据区域上方构造一个条件，则需要在上方插入至少三个空白行。若有些条件会使用不止一行表示，可在右侧构造条件区域。

条件区域必须具有列标题来控制执行高级筛选时到该列寻找满足条件的数据，并显示出来，而在列标题下面的行中，须键入所要匹配的条件。

若要通过隐藏不符合条件的数据行来筛选区域，就选择图 3 - 99 中的“在原有区域显示筛选结果”；若要通过将符合条件的数据行复制到工作表的其他位置来筛选区域，则选择“将筛选结果复制到其他位置”，然后在“复制到”编辑框中单击鼠标左键，再单击要在该处粘贴行的区域的左上角。

如果我们想恢复全部数据，可以单击“数据”选项卡，“排序和筛选”组中的“清除”按钮，消除筛选效果。

3.1　筛选出5月入库产品的数据

①在原数据区域的右侧构造筛选条件，在K1单元格中，键入列标题“入库/出库”，在K2单元格中键入条件“入库”，如图3－100所示。

【提示】这里的条件是“入库/出库”列中的数据为“入库”，本来条件应写为“＝入库”，但是使用“＝”的时候，“＝”均可省略直接写出具体值即可。

②用鼠标单击原数据区域中的任意单元格，表示对该数据区域中的数据进行高级筛选。

③单击“数据”选项卡，“排序和筛选”组中的“高级”按钮，弹出如图3－101所示的“高级筛选”对话框，这时由于上步单击了原数据区域，故会自动获取该数据区域为“列表区域”，如图3－102所示。

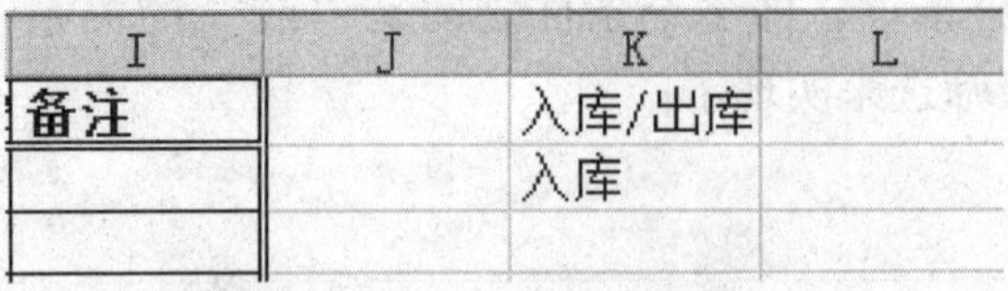

图3－100　构造筛选条件

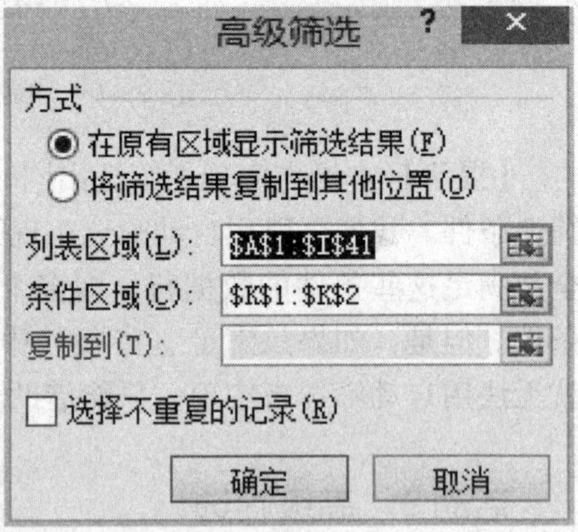

图3－101　“高级筛选”对话框

④选择“方式”为“在原有区域显示筛选结果”，单击“条件区域”的拾取按钮，选择K1：K2区域作为条件区域，如图3－103所示。回到“高级筛选”对话框，单击“确定”按钮，实现筛选，结果如图3－104所示。

【提示】这里在原数据区域显示筛选结果，仍然是留下满足条件的结果，同时隐藏不满足条件的数据行，故也能看到结果的行标是蓝色的。

3.2　筛选出111号和112号录入员录入的数据

①单击“数据”选项卡，“排序和筛选”组中的“清除”按钮，消除取消上步所作的筛选。

②在右侧构造条件，在K5单元格中键入列标题“录入员代码”，在K6和K7单元格中分别键入有“或者”关系的两个条件“111”和“112”。

③单击原数据区域中的任意单元格。

图 3－102　自动获取数据区域作为“列表区域”

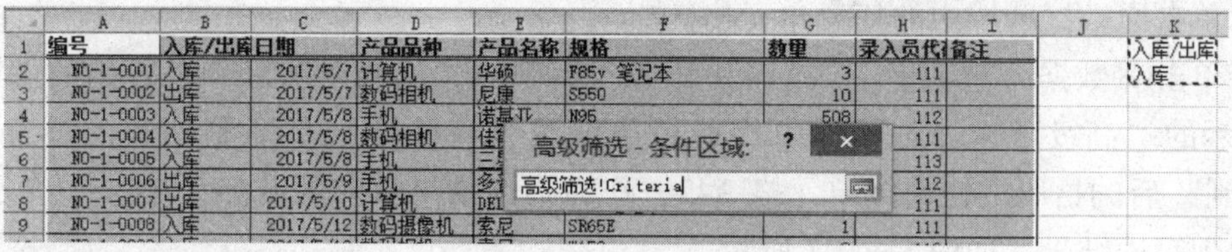

图 3－103　选择条件区域

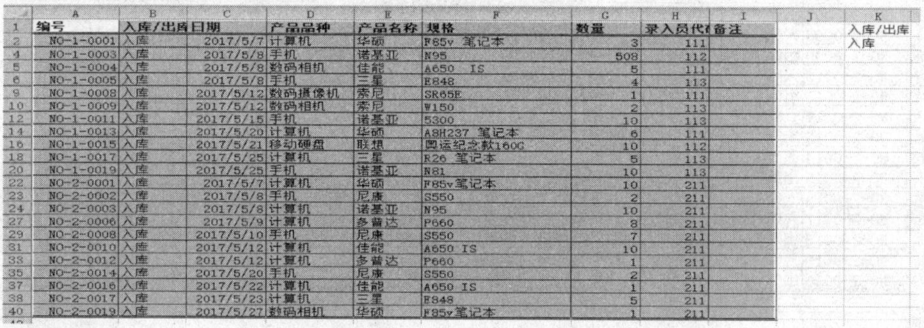

图 3－104　筛选出 5 月入库产品的数据

④单击“数据”选项卡，“排序和筛选”组中的“高级”按钮，在弹出的“高级筛选”对话框中构造好条件及“在原有区域显示筛选结果”，单击“确定”按钮，得到筛选结果，如图 3－105 所示。

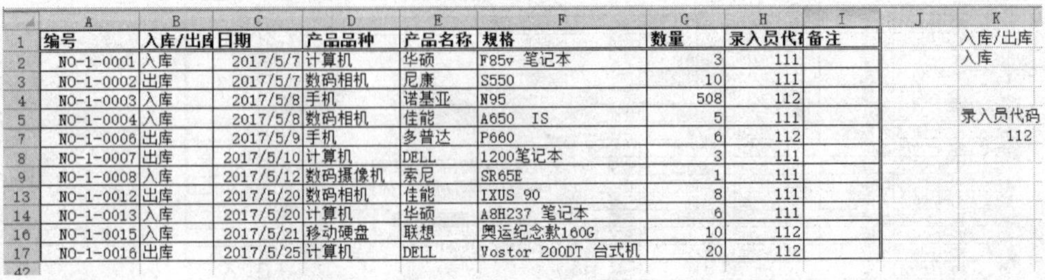

	A	B	C	D	E	F	G	H	I	J	K
1	编号	入库/出库	日期	产品品种	产品名称	规格	数量	录入员代码	备注		入库/出库
2	NO-1-0001	入库	2017/5/7	计算机	华硕	F85v 笔记本	3	111			入库
3	NO-1-0002	出库	2017/5/7	数码相机	尼康	S550	10	111			
4	NO-1-0003	入库	2017/5/8	手机	诺基亚	N95	508	112			
5	NO-1-0004	入库	2017/5/8	数码相机	佳能	A650 IS	5	111			录入员代码
7	NO-1-0006	出库	2017/5/9	手机	多普达	P660	6	112			112
8	NO-1-0007	出库	2017/5/10	计算机	DELL	1200笔记本	3	111			
9	NO-1-0008	入库	2017/5/12	数码摄像机	索尼	SR65E	1	111			
13	NO-1-0012	出库	2017/5/20	数码相机	佳能	IXUS 90	8	111			
14	NO-1-0013	入库	2017/5/20	计算机	华硕	A8H237 笔记本	6	111			
16	NO-1-0015	入库	2017/5/21	移动硬盘	联想	奥运纪念款160G	10	112			
17	NO-1-0016	出库	2017/5/25	计算机	DELL	Vostor 200DT 台式机	20	112			

图 3－105 筛选出 111 号和 112 号录入员录入的数据

【提示】条件为 2 个满足或者关系的值，需要分别写在不同行中；在图 3－103 中，条件区域只看到“112”，而未看到“111”，是因为原数据区域中的“录入员代码”不是“111”或“112”，导致“111”所在行因不满足筛选条件而被隐藏起来。

3.3 筛选出所有的笔记本计算机的数据

①单击“数据”选项卡，“排序和筛选”组中的“清除”按钮，消除取消上步所作的筛选。

②在右侧构造条件，在 K8：K9 区域中键入列标题“规格”及条件“＊笔记本”。

③单击原数据区域中的任意单元格。

④单击“数据”选项卡，“排序和筛选”组中的“高级”按钮，在弹出的如图 3－106 所示的“高级筛选”对话框中构造好条件及“将筛选结果复制到其他位置”，用“复制到”后的拾取按钮选择单元格 A43，作为筛选结果放置的开始，单击“确定”按钮，得到筛选结果，如图 3－107 所示。

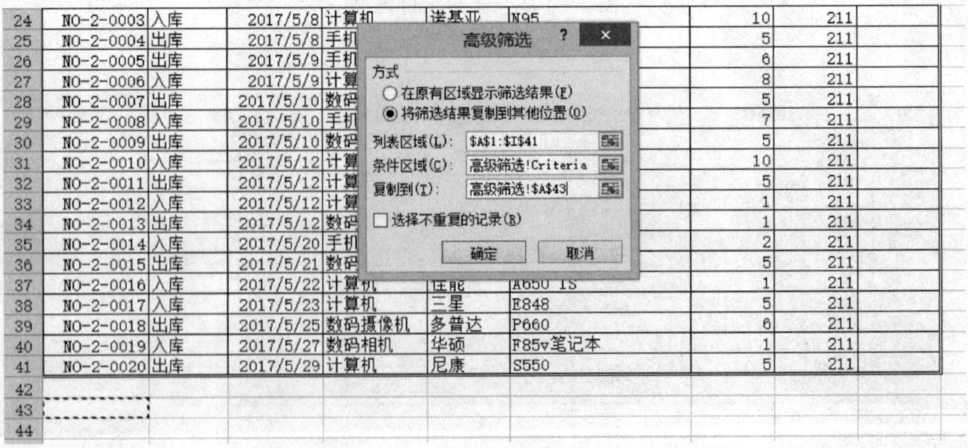

图 3－106 构造筛选条件，并选择 A43 为筛选结果放置的开始

40	NO-2-0019	入库	2017/5/27	数码相机	华硕	F85v笔记本	1	211	
41	NO-2-0020	出库	2017/5/29	计算机	尼康	S550	5	211	
42									
43	编号	入库/出库	日期	产品品种	产品名称	规格	数量	录入员代码	备注
44	NO-1-0001	入库	2017/5/7	计算机	华硕	F85v 笔记本	3	111	
45	NO-1-0007	出库	2017/5/10	计算机	DELL	1200笔记本	3	111	
46	NO-1-0013	入库	2017/5/20	计算机	华硕	A8H237 笔记本	6	111	
47	NO-1-0017	入库	2017/5/25	计算机	三星	R26 笔记本	5	113	
48	NO-1-0020	出库	2017/5/30	计算机	联想	F41A 笔记本	10	113	
49	NO-2-0001	入库	2017/5/7	计算机	华硕	F85v笔记本	10	211	
50	NO-2-0007	出库	2017/5/10	数码相机	华硕	F85v笔记本	5	211	
51	NO-2-0013	出库	2017/5/12	数码相机	华硕	F85v笔记本	1	211	
52	NO-2-0019	入库	2017/5/27	数码相机	华硕	F85v笔记本	1	211	
53									

图 3－107 筛选出所有的笔记本计算机的数据

【提示】这里设置的条件，同样使用了“＝＊笔记本”的表达式，在自动筛选和高级筛选中，均可利用通配符“＊”和“?”。

这里筛选出的结果，由于是复制到其他位置显示的，原数据区域未受任何影响，接下来做其他筛选时，无需再取消上步的筛选效果，所以我们以下均采用这种方式放置筛选结果。

3.4 筛选出 5 月中、下旬的出、入库的手机记录

①在右侧构造条件，在 K11：K12 区域中键入列标题“日期”“产品品种”及条件“＞＝2017/5/10”“手机”。

②单击原数据区域中的任意单元格。

③单击“数据”选项卡，“排序和筛选”组中的“高级”按钮，在弹出的“高级筛选”对话框中构造好条件及“将筛选结果复制到其他位置”，用“复制到”后的拾取按钮选择单元格 A54，作为筛选结果放置的开始，单击“确定”按钮，得到筛选结果，如图 3－108 所示。

54	编号	入库/出库	日期	产品品种	产品名称	规格	数量	录入员代码	备注
55	NO-1-0011	入库	2017/5/15	手机	诺基亚	5300	10	113	
56	NO-1-0019	入库	2017/5/25	手机	诺基亚	N81	10	113	
57	NO-2-0008	入库	2017/5/10	手机	尼康	S550	7	211	
58	NO-2-0014	入库	2017/5/20	手机	尼康	S550	2	211	

图 3－108 筛选出 5 月中旬的出、入库记录

【提示】两个条件同时满足，或多个条件之间是“与”关系，则将多个条件的列标题写出，并在下方的同行写出各个条件的表达式，这里是“＞＝2017/5/10”和“手机”同时满足。

3.5 筛选出 5 月中、下旬出、入库的数量不少于 10 的华硕产品和 5 月出、入库的诺基亚产品的数据

①在右侧构造条件，在 K14：M16 区域中键入列标题及条件，如图 3－109 所示。

②单击原数据区域中的任意单元格。

③单击“数据”选项卡，“排序和筛选”组中的“高级”按钮，在弹出的“高级筛选”对话框中构造好条件及“将筛选结果复制到其他位置”，用“复制到”后的拾取按钮选择单元格 A60，作为筛选结果放置的开始，单击“确定”按钮，得到筛选结果，如图 3－110 所示。

日期	产品名称	数量
>=2017/5/	华硕	>=10
	诺基亚	

图 3－109　条件表示

60	编号	入库/出库	日期	产品品种	产品名称	规格	数量	录入员代码	备注
61	NO-1-0003	入库	2017/5/8	手机	诺基亚	N95	508	112	
62	NO-1-0011	入库	2017/5/15	手机	诺基亚	5300	10	113	
63	NO-1-0019	入库	2017/5/25	手机	诺基亚	N81	10	113	
64	NO-2-0003	入库	2017/5/8	计算机	诺基亚	N95	10	211	
65	NO-2-0009	出库	2017/5/10	数码相机	诺基亚	N95	5	211	
66	NO-2-0015	出库	2017/5/21	数码摄像机	诺基亚	N95	5	211	

图 3－110　5 月中、下旬出、入库数量不少于 10 的华硕产品和 5 月出、入库的诺基亚产品的数据

3.6　筛选出 5 月中、下旬出、入库的所有华硕和诺基亚产品中数量不少于 10 的数据

①在右侧构造条件，在 K18：M20 区域中键入列标题及条件，如图 3－111 所示。

②单击原数据区域中的任意单元格。

③单击“数据”选项卡，“排序和筛选”组中的“高级”按钮，在弹出的“高级筛选”对话框中构造好条件及“将筛选结果复制到其他位置”，用“复制到”后的拾取按钮选择单元格 A68，作为筛选结果放置的开始，单击“确定”按钮，得到筛选结果，如图 3－112 所示。

日期	产品名称	数量
>=2017/5/	华硕	>=10
>=2017/5/	诺基亚	>=10

图 3－111　条件表示

68	编号	入库/出库	日期	产品品种	产品名称	规格	数量	录入员代码	备注
69	NO-1-0011	入库	2017/5/15	手机	诺基亚	5300	10	113	
70	NO-1-0019	入库	2017/5/25	手机	诺基亚	N81	10	113	

图 3－112　5 月中、下旬出、入库的所有华硕和诺基亚产品中数量不少于 10 的数据

【提示】请仔细对比上面两个条件的区别，也即不同列的条件在同一行和不同列的条件在不同行书写的含义。

活动 4　数据透视表

4.1　创建数据透视表

数据透视表是一个交互式报表，可快速合并、比较大量数据。在制作好的数据透视表中，可以旋转其行和列以看到源数据的不同汇总，而且可以显示感兴趣区域的明细数据。数据透视表，其实是自动筛选和分类汇总功能的集合。

①用鼠标单击原数据区域内的任意一个单元格。

②单击“插入”选项卡，在“表格”组中，单击“数据透视表”按钮右下方的向下箭头，打开下拉菜单，如图 3－113 所示。

③单击下拉菜单中的“数据透视表”命令，打开“创建数据透视表”对话框，如图 3－114 所示。

图 3－113　“数据透视表”按钮

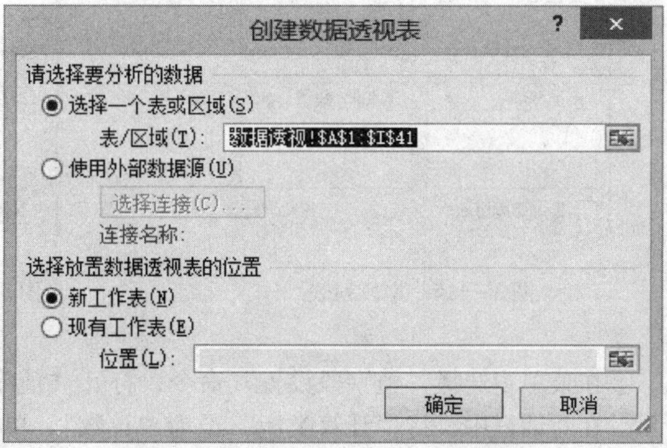

图 3－114　“创建数据透视表”对话框

④在“创建数据透视表”对话框中，“表/区域”显示的是“出入卡透视表”中的数据区。选择“新工作表”单选框，单击“确定”按钮，创建了一个空的数据透视表，并显示“数据透视表字段列表”对话框。

⑤在“数据透视表字段列表”对话框中，在“选择要添加到报表的字段”下，选定“产品品种”“出库/入库”“产品名称”“数量”字段。

⑥字符型字段自动添加到“行标签”下方，数值型字段“数量”添加到“Σ 数值”下方。

⑦将“行标签”下方的“产品品种”拖至“报表筛选”下方，“出库/入库”拖至“列标签”下方，如图 3－115 所示。单击“求和项：数量”右侧的下拉箭头，出现下拉菜单，如图 3－116 所示。

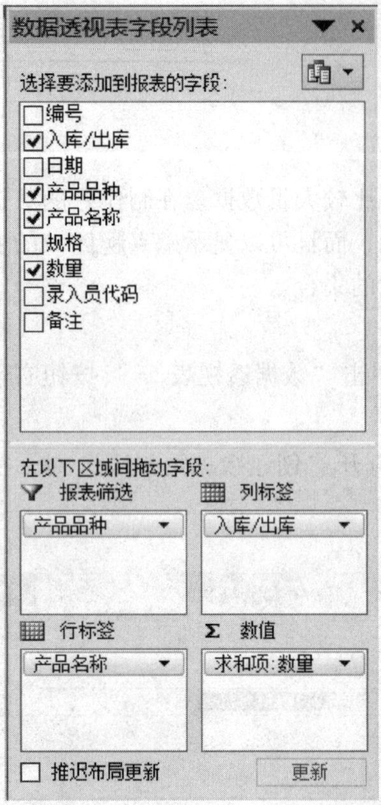

图 3－115　字段列表

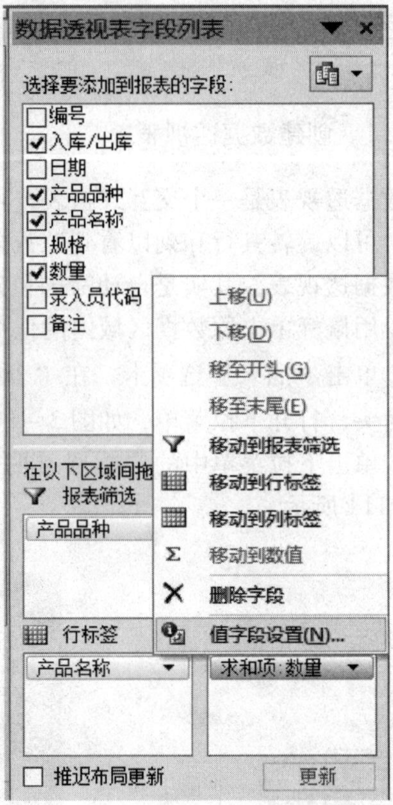

图 3－116　单击求和项下拉菜单

⑧在菜单中选择“值字段设置”命令，打开“值字段设置”对话框，如图 3－117 所示。在对话框中，将“计算类型”设为“计数”，单击“确定”按钮。

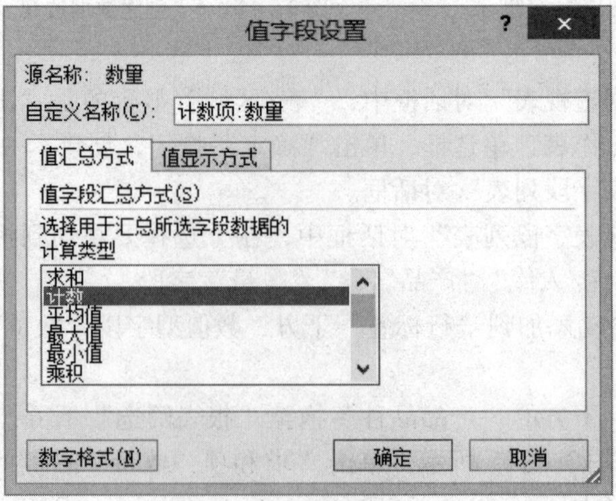

图 3－117　“值字段设置”对话框

⑨将数据透视表的新工作表重命名为“各种产品的出入库次数数据透视表”，如图 3－118 所示。

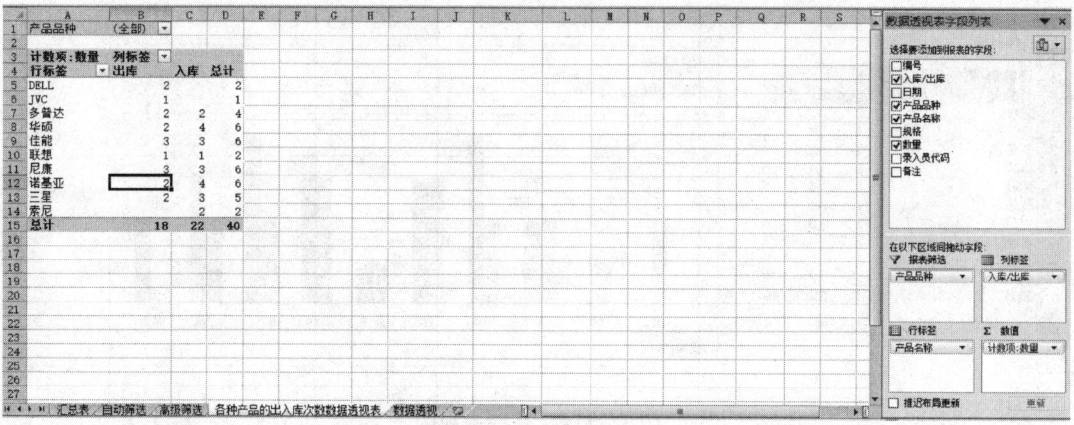

图 3－118　透视表结果

4.2　数据透视表的组成

数据透视表一般由以下几个部分组成：

报表筛选：在数据透视表中指定为页方向的字段。“报表筛选”是分页字段。

行标签：行标签是数据透视表中指定为行方向的字段，使用时根据行标签的值进行筛选显示。

列标签：列标签是数据透视表中指定为列方向的字段。根据列字段进行求和、求平均值的统计。

数据区域：数据区域是数据透视表中含有汇总数据的区域。数据区中的单元格用来显示行和列字段中数据项的汇总数据，数据区每个单元格中数值代表源记录或行的一个汇总。

4.3　使用数据透视表

①在生成的数据透视表中，单击“产品品种（全部）”右侧的下拉箭头，在对话框中，选择要显示的产品品种“手机”。

②单击“行标签”右侧的下拉箭头，打开“选择字段”对话框，单击“全选”，这时显示的是所有手机的名单，也可以选定某一个手机的名称。数据区对应的是它出、入库次数。

活动 5　数据透视图

①选择“数据透视”工作表数据区中某一单元格，单击“插入”选项卡，在“表格”组中，单击“数据透视表”按钮右下方的下拉箭头，打开下拉菜单。

②在下拉菜单中，选择“数据透视图”命令，根据创建透视表的步骤，创建出数据透视图，如图 3－119 所示。

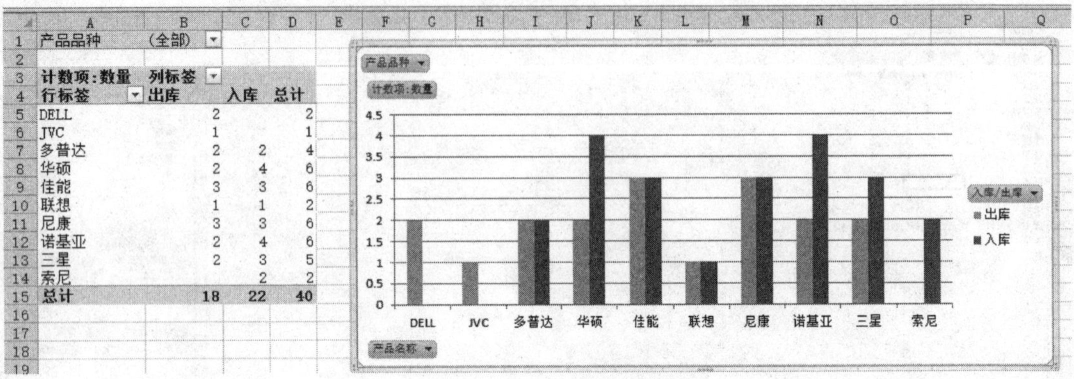

图 3－119 数据透视图

与数据透视表相比，数据透视图增加了一个以数据透视表为数据源的图表。

实训项目　分析销售数据对客户分组

【实训目标】

通过分析销售数据，运用 Excel 数据分析功能，对客户进行 RFM 分组。

【实训内容】

1. Excel 中数据的格式调整、删除、复制、筛选、排序
2. Excel 中函数的应用
3. Excel 数据透视表、数据透视图的使用

【实训要求】

1. 数据的清理：根据实际需求，去除不需要的数据
2. 数据分析：根据销售数据分析客户的 RFM 值（2 份法）
3. 根据每个客户 RFM 的得分情况，对客户进行分类

项目四

PowerPoint 制作与应用

任务一　制作年度总结汇报演示文稿

【任务目标】

- 掌握演示文稿的创建
- 熟悉编辑、应用幻灯片母版的方法
- 熟悉在幻灯片中插入图片、表格等的方法
- 熟悉在幻灯片中超链接的方法
- 熟悉幻灯片的动画效果的设计
- 掌握放映幻灯片的方法

【任务引入】

小李在公司工作满一年了，到年终时，公司要求各个部门对一年的工作进行总结，并在年终会议上做汇报，部门主管把这个任务交给了小李，希望小李能用 PPT，展示本部门这一年的工作。

【任务分析】

PPT 是 PowerPoint 的简称，利用 PPT 可以轻松地制作出集文字、图片、声音、视频于一体的幻灯片，可以用于教学、讲座、新产品演示、汇报工作等方面，把阐述的过程变得简明而清晰，具有直观和丰富的表现力。

在年终总结演示文稿中，需要图文并茂，插入图片、图形、图表、音频和视频，并设置幻灯片的放映效果，如图 4－1 所示。

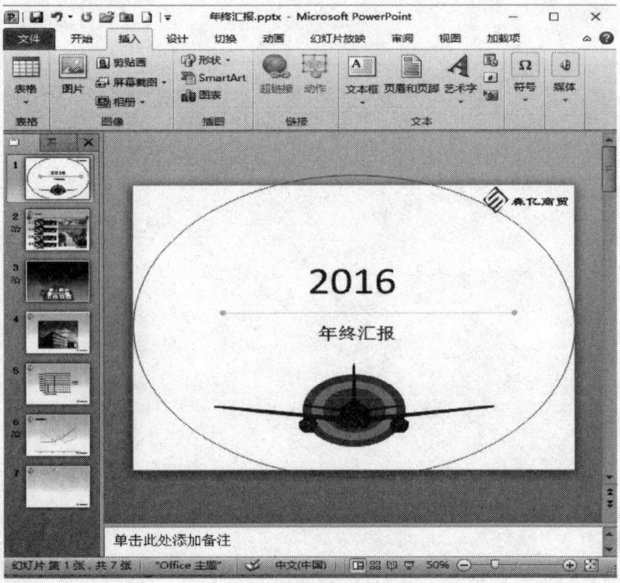

图 4－1　年终汇报

活动 1 创建年度总结演示文稿

1.1 建立 PowerPoint 新文档

在 PowerPoint 中创建和保存文件的操作与 Word、Excel 相同，这里就不再介绍。打开了一个 PPT 文档后，即可看到打开了“PowerPoint”窗口，如图 4－2 所示。

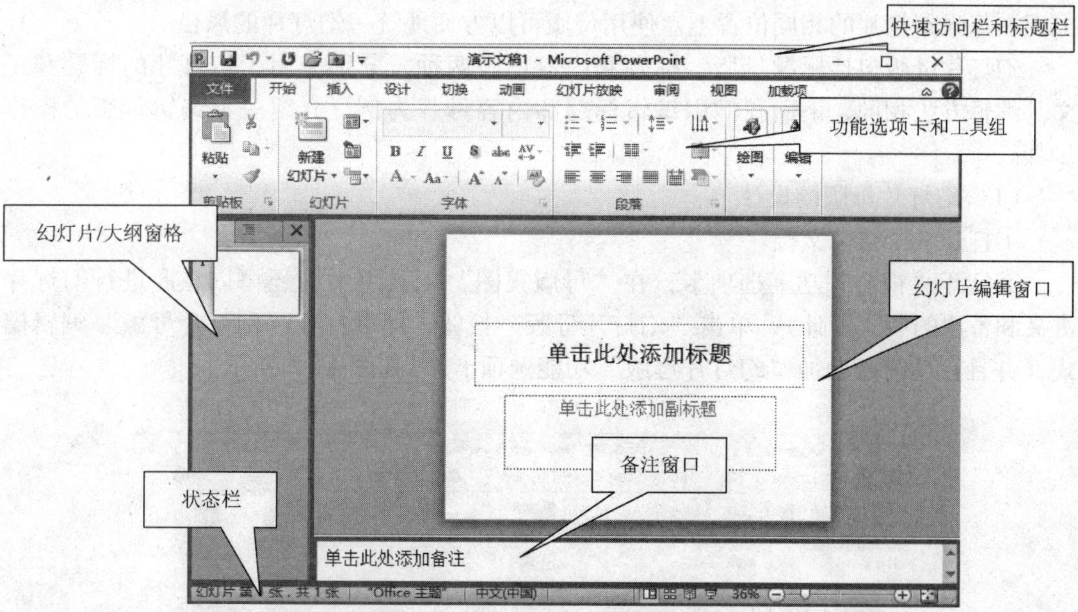

图 4－2 PowerPoint 窗口

可以看出，PowerPoint 窗口结构包括与 Word、Excel 相同的快速访问工具栏、标题栏、功能选项卡、状态栏，其功能与 Word、Excel 窗口基本相同，这里就不再一一介绍，只对 PowerPoint 窗口中比较特别的部分，包括幻灯片/大纲窗格、幻灯片编辑窗口和备注窗口及其功能进行介绍。

（1）幻灯片/大纲窗格

显示演示文稿的幻灯片数量、位置以及结构。

（2）幻灯片编辑窗口

显示和编辑幻灯片，并可以直观地看到幻灯片的外观效果，是幻灯片的核心，可以在该区域编辑文本，添加图片、动画或声音文件等。

（3）备注窗口

用于添加幻灯片的说明信息，使放映者能更好地了解幻灯片的内容。

活动2 设计幻灯片母版

在 PowerPoint 幻灯片设计中，有很多模板供我们使用，应用这些模板的好处在于，可以使编辑的幻灯片套用现成的格式，或形成统一的风格，而且简单易行，只要鼠标一点即可。但是，尽管已经有许多丰富多彩、功能齐全的模板供我们使用，有些时候，必须设计自己的模板。其中，最核心、最重要的就是母版的设计。母版中包含可出现在每一张幻灯片上的显示元素，如文本占位符、图片、动作按钮等。幻灯片母版上的对象将出现在每张幻灯片的相同位置上。使用母版可以方便地统一幻灯片的风格。

幻灯片母版包括标题母版、标题和内容母版两种，分别应用于幻灯片的标题和正文。编辑方法相同，下面我们以编辑标题和内容母版为例，介绍一下编辑母版的操作步骤。

（1）幻灯片母版的设计

①打开一个空白文档。

②打开“视图”功能选项卡，在“母版视图”工具组中（还可以在此进行幻灯片讲义和备注的版式设计），单击“幻灯片母版”按钮，即可打开“幻灯片母版”编辑模式（并且在功能区增加“幻灯片母版”功能选项卡），如图 4－3 所示。

图 4－3 幻灯片母版编辑模式

③切换到标题和内容幻灯片母版，在“幻灯片母版”功能选项卡中的“背景”工具组中，点击右下角的打开对话框按钮，即可打开“设置背景格式”对话框，如图 4－4 所示。

④在“填充”选项卡下，选择“图片或纹理填充”，单击“文件”按钮，打开“插入图片”对话框，如图 4－5 所示。

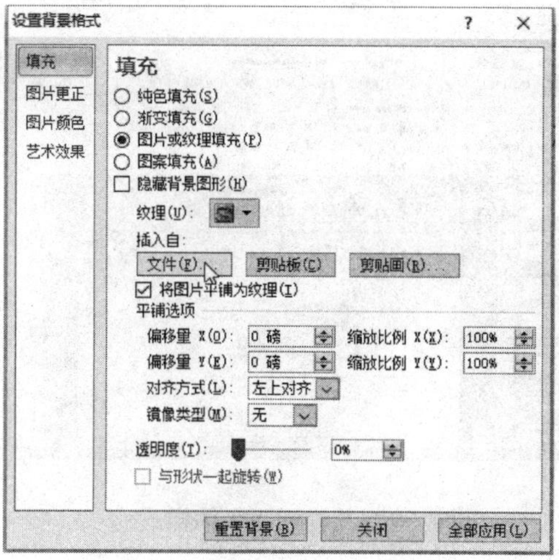

图 4－4　设置背景格式对话框

图 4－5　插入图片对话框

⑤选择要作为背景的图片后，单击“插入”按钮，返回到“设置背景格式”对话框，打开“图片颜色”选项卡，如图 4－6 所示。对图片设置饱和度、色调等属性后，单击“关闭”，即可看到设置的背景效果，如图 4－7 所示。

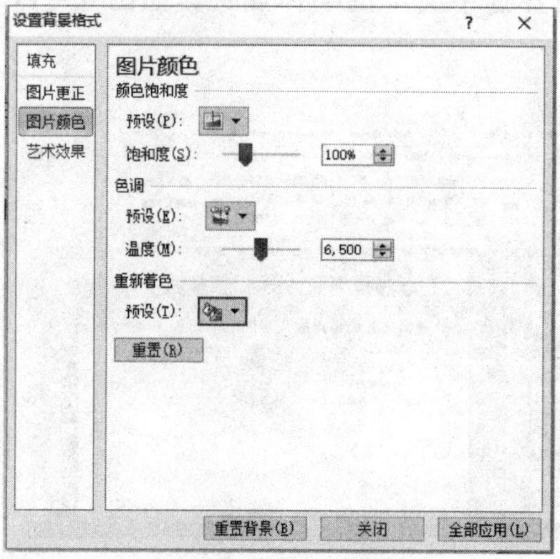

图 4－6　设置图片颜色属性

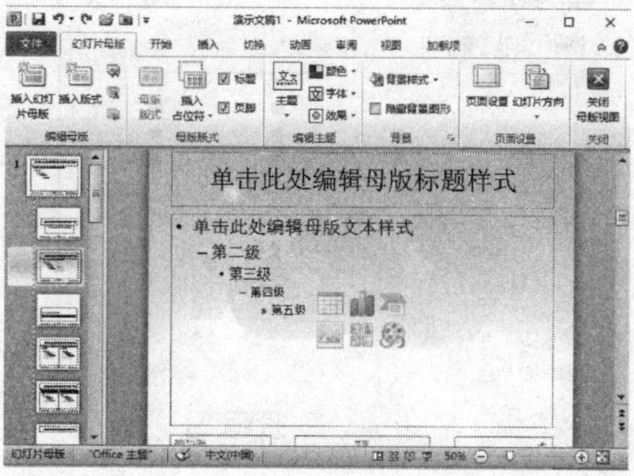

图 4－7　幻灯片设置背景效果

⑥选中“单击此处编辑母版标题样式”占位符，打开“开始”功能选项卡，单击“字体”组中的打开对话框按钮，即可打开“字体”对话框，如图 4－8 所示。

⑦在其中设置字形、字号、颜色、样式等属性后，单击“确定”按钮，即可改变标题的字体效果。

⑧可以在“段落”组中设置标题的对齐方式等属性，并可拖动鼠标，调整并移动“标题”占位符，效果如图 4－9 所示。

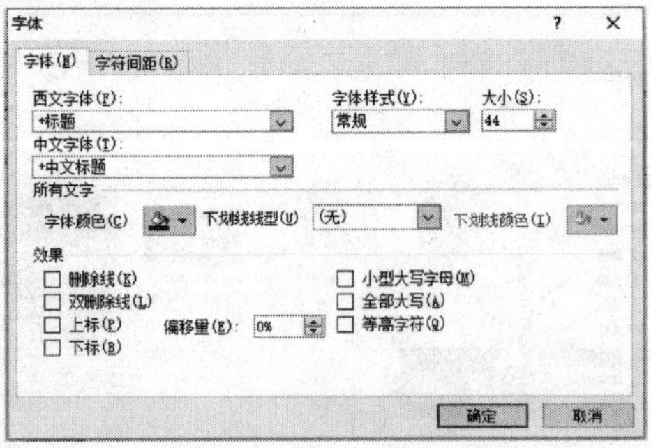

图 4-8　字体对话框

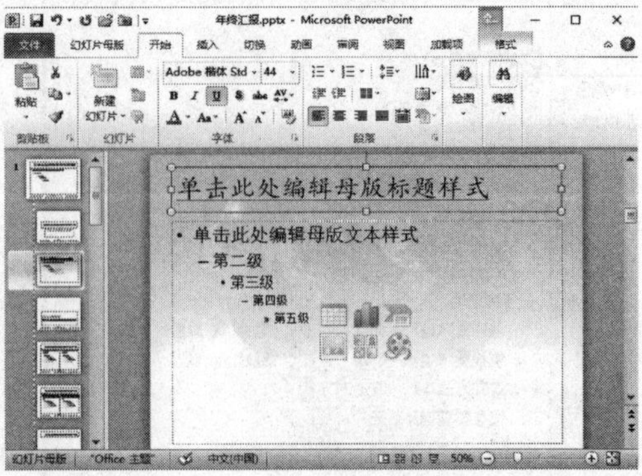

图 4-9　设置标题字体样式

⑨选中含有项目符号的文本，在打开的“开始”功能选项卡的“段落”工具组中，单击“项目符号”下拉按钮，点击“项目符号和编号”命令，打开“项目符号和编号”对话框，如图 4-10 所示。

⑩在对话框里选择要使用的项目符号类型（也可以采用自定义的图片或图形），并设置其“大小”和“颜色”，单击“确定”按钮，即可完成项目符号的属性设置。采用和设置“标题”字体属性相同的方式设置选中文本的字体属性，如图 4-11 所示。

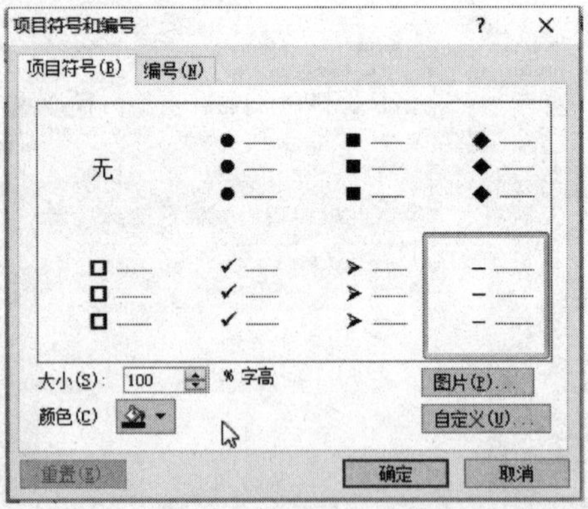

图 4-10　项目符号和编号对话框

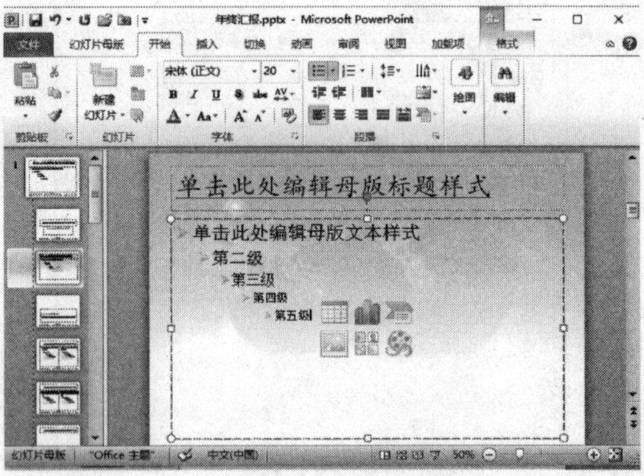

图 4-11　设置项目符号属性和文本字体属性

⑪还可以在母版的适当位置（如右下角）插入公司的名称和 Logo，如图 4-12 所示。

用同样的方法，编辑好幻灯片标题母版，单击“关闭”按钮，并“保存”，完成对幻灯片母版的设置。

【提示】 可以将设置的母版保存为模板（文件类型为 . potx），以便下次使用时可以直接打开。

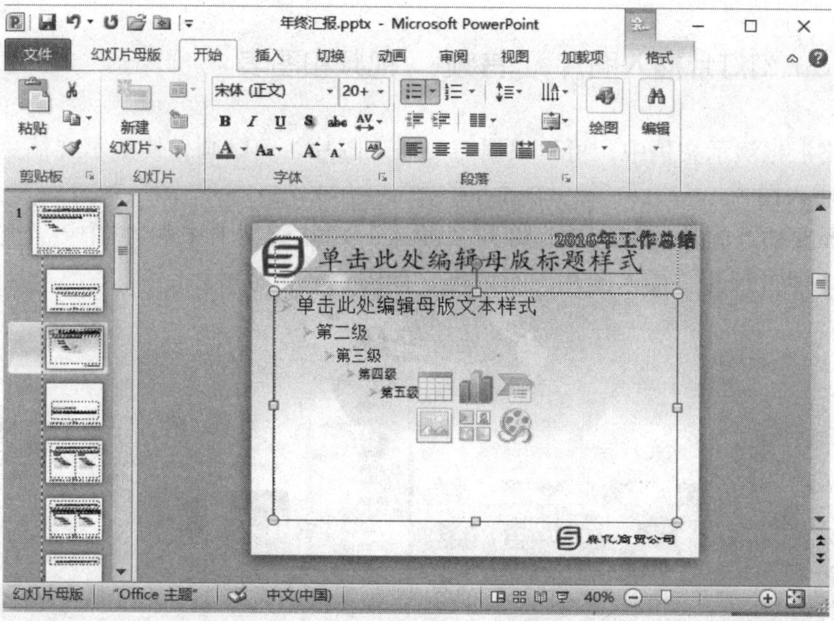

图 4-12 插入公司名称和 Logo

（2）幻灯片母版的应用

在完成幻灯片母版的编辑后，回到演示文稿的普通视图。在第一张幻灯片的标题占位符中输入“2016”，在副标题占位符中输入“年终汇报”。在编辑幻灯片时，只需要选择合适的母版版式，如图 4-14 所示，并根据实际的需要输入文本内容，插入合适的图形、图片或表格等。

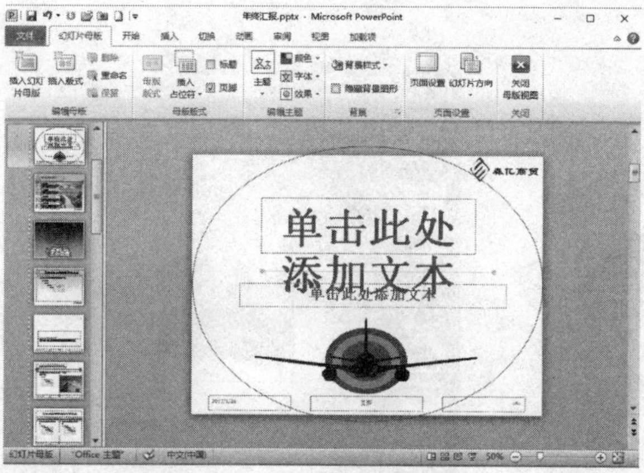

图 4-13 母版设置效果

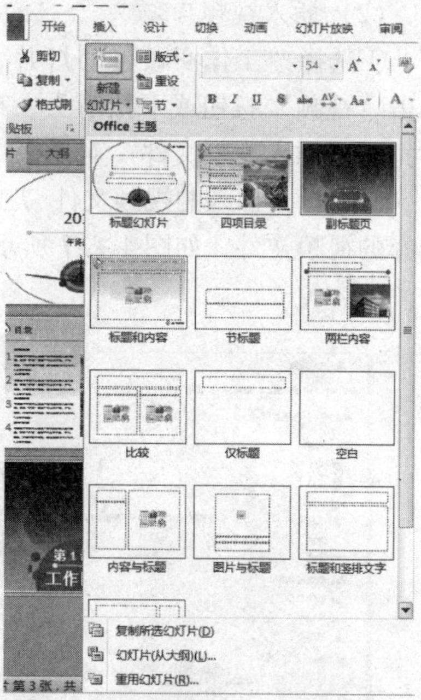

图 4-14 插入幻灯片版式

活动3　幻灯片插入图片、音频、视频和图表

在年终汇报演示文稿中，可以根据需要插入图片、剪贴画，使演示文稿更加美观。

（1）插入图片

①选择要插入图片的幻灯片，打开“插入”功能选项卡中的“图像”组中的“图片”按钮，即可打开“插入图片”对话框，如图4－15所示。

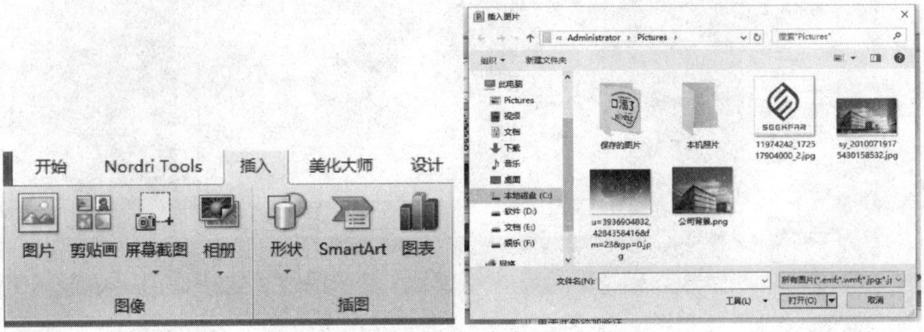

图4－15　打开插入图片对话框

②选择要插入的图片，单击“插入”按钮，即可插入该图片。可以用鼠标拖动图片，调整至合适的位置和大小，也可参考Word对图片的编辑方式，设置图片的效果。

制作演示文稿PPT的时候，我们除了可以给幻灯片PPT添加上文字和图片对象，还可以根据实际需要添加上视频或声音，制作出声色俱佳的幻灯片。

（2）插入视频

①选择“工作回顾”幻灯片，打开“插入”功能选项卡，在“媒体”工具组中，单击“视频”按钮或下拉箭头，在弹出的快捷菜单中选择“文件中的视频”选项，即可打开“插入视频文件”对话框，如图4－16所示。

②选择要插入的视频文件“工作回顾”，单击“插入”按钮，即可在幻灯片中插入选择的视频文件，如图4－17所示。

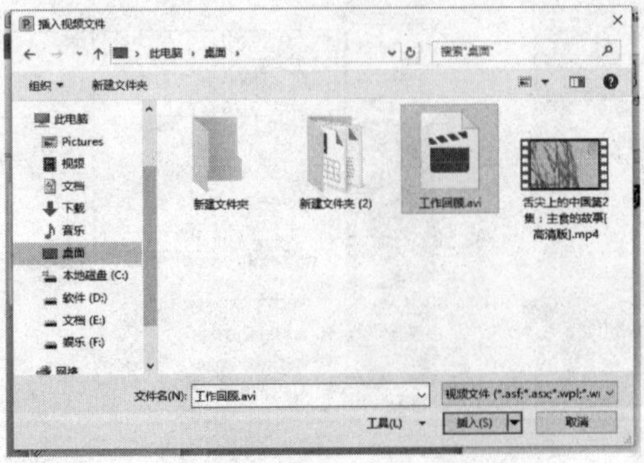

图4－16　插入视频文件对话框

图4－17　插入视频文件

③在“视频工具”选项卡下的“格式”功能选项卡下单击“播放”按钮，即可播放插入的影片，还可以设置视频的颜色、形状、边框、效果等属性。

④在“播放”功能选项卡下，可以设置视频的淡化持续时间、音量、开始、是否全屏和循环播放的属性。

（3）插入音频

①切换到“心得体会”幻灯片，打开“插入”功能选项卡，在“媒体”工具组中，单击“音频”按钮或下拉箭头，在弹出的快捷菜单中选择“文件中的音频”选项，即可打开“插入视频文件”对话框。

②选择要插入的音频文件，单击“插入”按钮，即可在幻灯片中插入选择的音频文件。

③和视频文件的设置类似，可以设置音频小喇叭的颜色，音频的淡化持续时间、音量、开始、是否全屏和循环播放等属性，还可以给音频添加书签等。

扩展应用

插入音视频要正常播放，必须保证演示的电脑上有必需的播放器。使用以上方式插入的视频或音频，要在 PPT 演示中正常播放，必须保证插入的文件存放于 PPT 演示所使用的电脑，在 PPT 文件复制或移动过程中，必须同时复制和移动动画文件，并且更改链接路径。否则，将出现“无法打开指定文件”对话框。

还可以采用插入“对象”方法在 PPT 中插入视频或音频，并且，使用这种方式时音视频文件和 PPT 文件合为一体，在 PPT 文件进行移动或复制时，不需同时移动或复制动画文件，也不需要更改路径。

此外，为了更加简单明了地说明论点，在幻灯片中还可以插入表格，操作步骤如下：

①选择要插入表格的幻灯片，打开“插入”功能选项卡，点击“表格”组中的按钮或下面的箭头，即可看到插入表格的快捷菜单，如图 4－18 所示。

②可以根据需要快速插入表格、绘制表格或插入 Excel 中的表格，可以通过“表格工具”功能选项卡，对表格样式和布局进行编辑。

年终汇报中少不了数据的分析，所以 PPT 中还经常用到图表，比如柱形图、饼图等，操作步骤如下：

①选择要插入图表的幻灯片，打开“插入”功能选项卡中的“插图”组中的“图表”按钮，即可打开“插入图表”对话框，如图 4－19 所示。

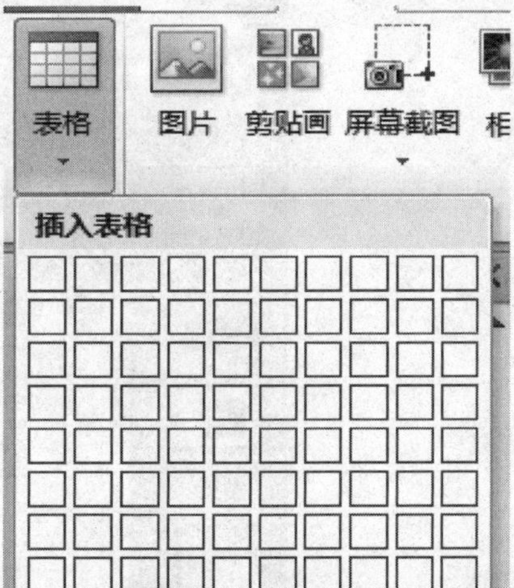

图 4－18 插入表格快捷菜单

②选择一个图表的样式，然后点击确定，即打开了 Excel 表格，在这个表格中输入数据，这些数据就是用于建立我们的图表的（一开始给出了一些默认的数据，这些数据都是没用的，修改这些数据，改成你需要的即可），如图 4－20 所示。

③关闭 Excel，即可在幻灯片中完成图表插入，如图 4－21 所示。

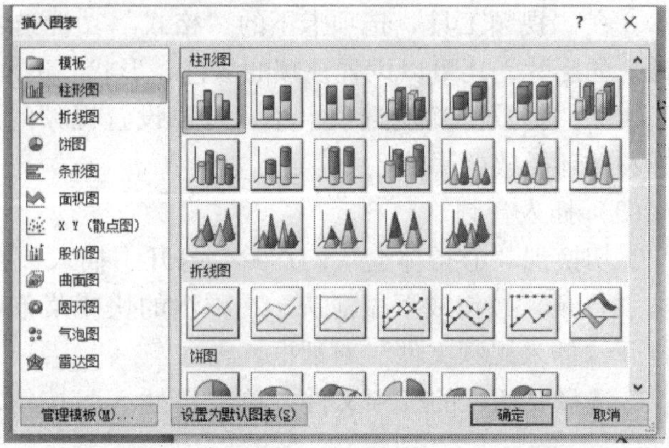

图 4－19 插入图表对话框

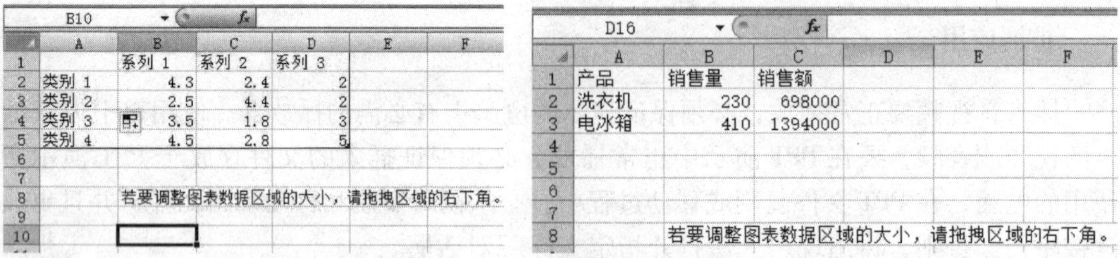

图 4－20 打开 Excel 表格并修改数据

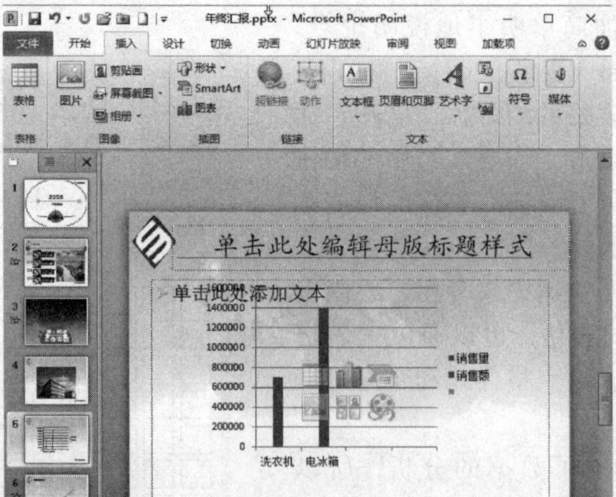

图 4－21 幻灯片中插入图表

活动4 幻灯片插入超链接

PPT 中插入超链接能够快速从当前页面转到指定的网站或者打开指定的文件，又或者直接跳转至某页，提高效率并使播放时更加灵活。下面以“年终汇报”演示文稿中从目录页链接到对应的演示幻灯片为例，介绍幻灯片超链接的步骤。

①选中“目录”页的文本“工作回顾”，点击右键，在弹出的快捷菜单中选择“超链接”命令，即可出现“插入超链接”对话框，如图 4－22 所示。

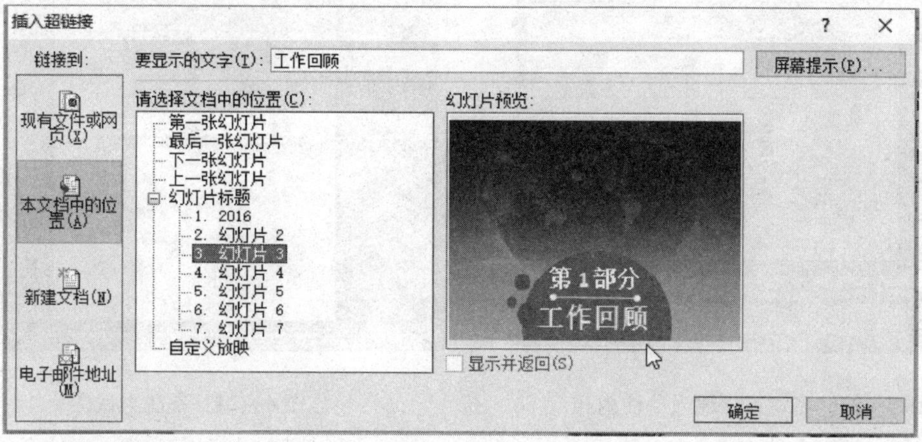

图 4－22 超链接幻灯片

②在对话框中选择“本文档中的位置”，在“请选择文档中的位置”找到需要跳转到的“第 1 部分 工作回顾”幻灯片（可以在幻灯片预览中看到），点击确定即完成了超链接的添加。

幻灯片如果需要链接到指定网页、文件或视频的方法与以上方式类似，在第 2 步中可以选择“现有文件或网页”，选择文件位置或输入链接的网址即可。

在创建超链接时，起点可以是文本、图形等任何对象。超链接可以链接到电脑中的文档、图片、音频或视频，也可以是网页。创建超链接后，可以根据需要随时编辑、更改或删除超链接的目标。编辑和更改超链接时，首先选中代表超链接的文本或对象，单击鼠标右键，在快捷菜单中单击“编辑超链接”或“删除超链接”即可。

超链接可以通过单击鼠标的方式激活。值得注意的是，只有在演示文稿放映的时候，超链接才能被激活。

活动5 给年终汇报添加备注

演示文稿一般是提纲式的，要求尽量言简意赅，所以一般要求少字多图，可以将详细的信息标注在幻灯片的备注里，以便查看。为“年终汇报”演示文稿添加备注，操作步骤如下：

①选中需要添加备注的幻灯片，然后在“备注”窗口中输入详细的备注内容，如图 4－23 所示。

②在备注中添加图片，可在“视图”功能选项卡下单击“演示文稿视图”组中的“备注页”按钮，可切换到“备注页”视图模式，如图 4－24 所示。

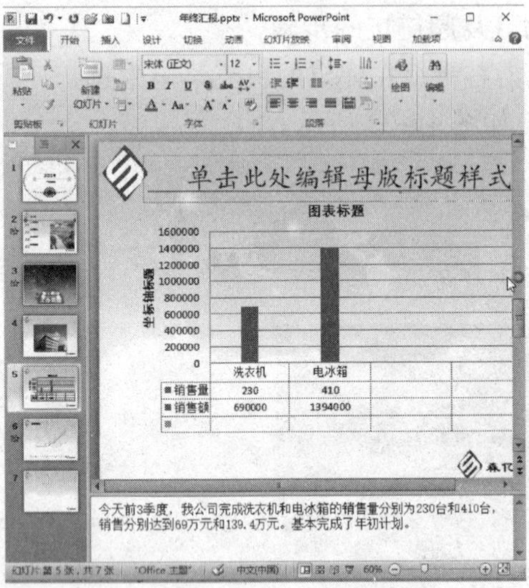

图 4－23　备注窗口输入备注内容

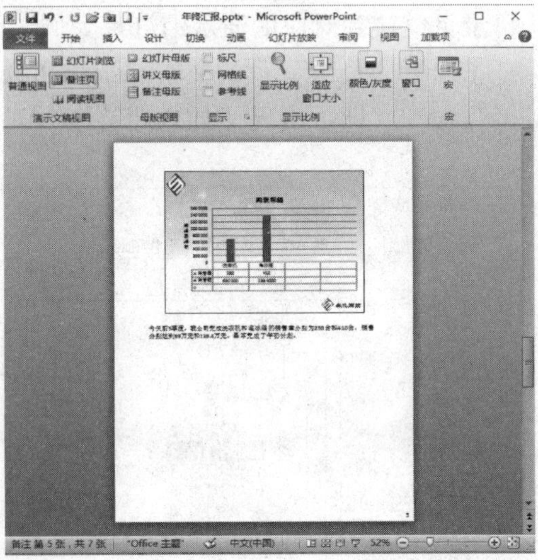

图 4－24　备注页视图

③可以采用和在普通视图模式下相同的方式添加备注图片，并设置图片属性。

活动 6　放映年终汇报幻灯片

演示文稿制作完成后，可以通过放映来展示整体效果。为了使幻灯片放映时更加具有吸引力和个性，可以为其添加动画效果、切换效果，设置不同的放映方式等。

（1）添加动画效果

为了使幻灯片在放映时更加生动，可以为幻灯片添加一些动画效果。设置动画效果的具体步骤如下：

①选中需要设置动画效果的对象，打开“动画”功能选项卡，单击“动画”工具组中右侧的下拉按钮，即可弹出 PowerPoint 内置的各种动画效果，如图 4－25 所示，动画效果有 4 种类型：进入、退出、强调和动作路径，每种类型中有若干种动画效果。

②选中合适的动画，即可为选中的对象应用该动画的效果，点击“动画”功能选项卡下的“预览”按钮，可播放应用的动画。

③可以通过“动画”功能选项卡下的工具栏对动画出现的方向和形状，播放的时点、动画持续的时间等效果进行调整，如图 4－26 所示。

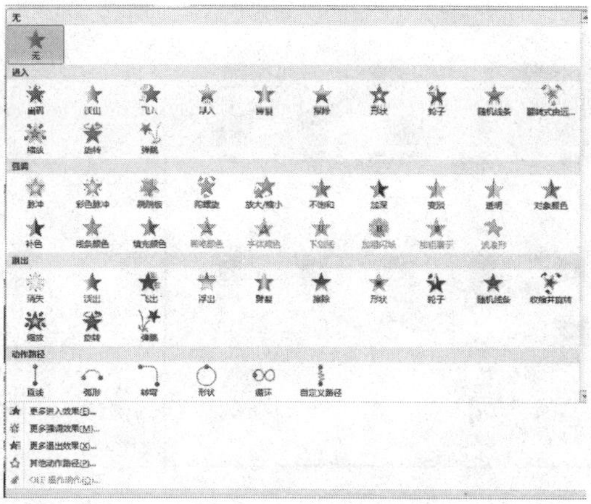

图 4－25　内置的动画效果

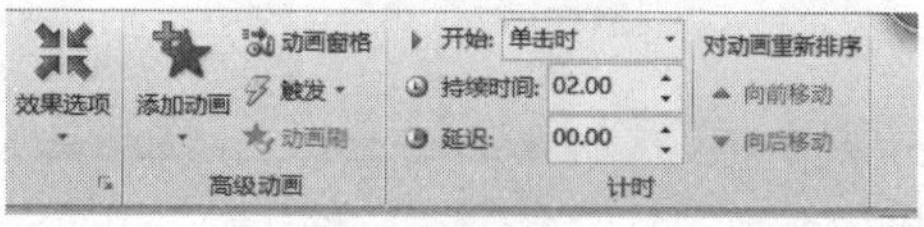

图 4－26　动画效果的调整工具栏

扩展应用

动画效果的播放时点有三种，分别是“单击时”“与上一动画同时”“上一动画之后”，“单击时”表示鼠标点击后，动画开始播放；“与上一动画同时”表示动画效果与前一事件（动画播放事件或幻灯片放映时间）同时自动播放；“上一动画之后”表示动画效果在前一事件结束后自动播放。PowerPoint 会自动为动画设置演示持续时间，默认的演示速度为 1 秒，可以根据需要设置动画播放时间。还可以通过设置延迟时间，调整动画在设置的播放动作触发时延后的时间播放。（附注：PowerPoint 中的最短动画时间可以设为 0. 01 秒，最长动画时间可以设为 59 小时 59 分 59 秒，输入 59：59：59 即可）。

④PowerPoint 2010 增加了动画刷功能，单击动画刷可以复制一个对象的动画效果，将其应用到其他对象，双击此按钮，可以将同一个动画，应用到演示文稿的多个对象中。

（2）设置切换效果

在默认情况下放映幻灯片时，单击鼠标就会直接转到下一张幻灯片，可以通过超链接或动作按钮设置幻灯片的切换顺序。利用 PowerPoint 内置的切换效果，可以控制切换的速度，添加声音和对切换效果的属性进行设计。

①选中需要设置切换效果的幻灯片，打开“切换”功能选项卡，单击“切换到此幻灯片”工具组中右侧的下拉按钮，即可看到 PowerPoint 内置的各种切换效果，如图 4－27 所示。

②选择一个需要的切换效果，即可给选中的幻灯片添加选中的切换效果。

③可以通过“效果选项”和“计时”工具组进行效果设置。

（3）设置放映方式

放映幻灯片需要根据不同需要和场合，采取不同的放映方式，设置放映方式的操作步骤如下：

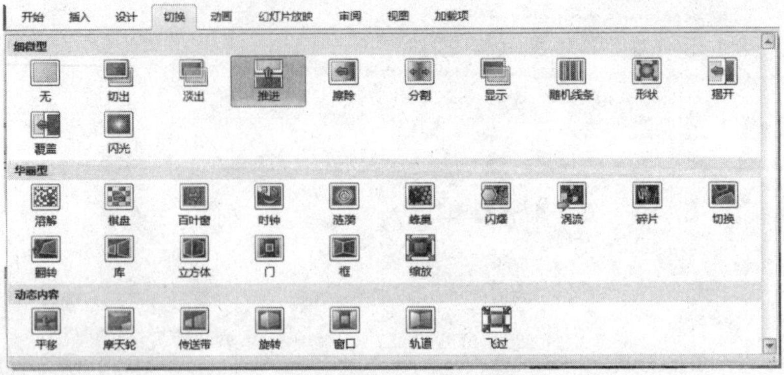

图 4－27　自带的切换效果

①打开“幻灯片放映”功能选项卡，如图 4－28 所示。

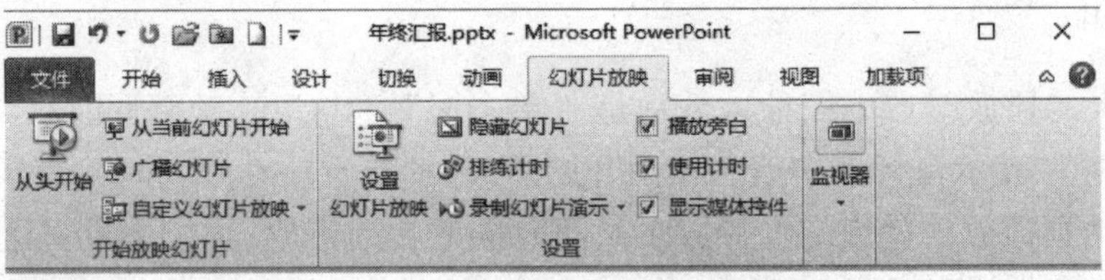

图 4－28　幻灯片放映功能选项卡

②单击“设置”组中的“设置幻灯片放映”按钮，即可打开“设置放映方式”对话框，如图 4－29 所示。

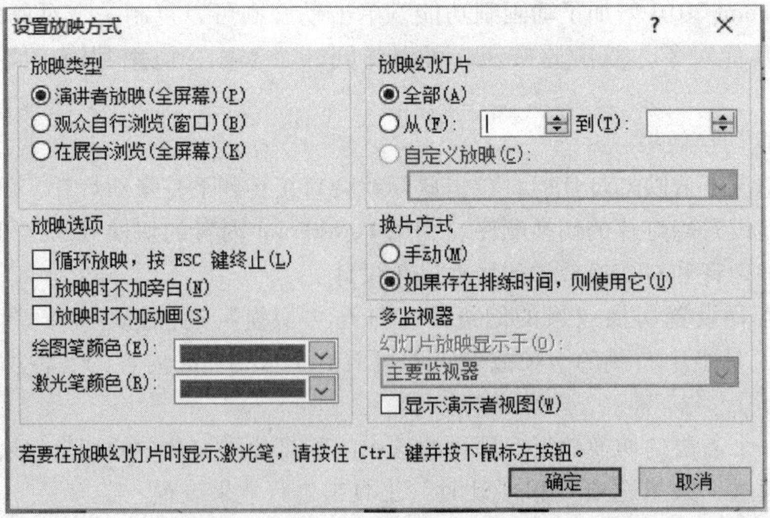

图 4－29　设置放映方式对话框

③在其中选择放映类型，并设置放映的其他属性，单击“确定”按钮。

（4）设置排练计时

如果希望自动放映 PPT，可以使用“幻灯片放映”菜单上的“排练计时”命令，设置幻灯片的放映时间，使其自动播放，操作步骤如下：

①打开“年终汇报”演示文稿，并在“幻灯片放映”功能选项卡下，勾选“使用计时”复选框。

②单击“设置”组中的“排练计时”按钮，即可进入幻灯片放映状态，并打开了“录制”工具栏，如图 4 – 30 所示。

③单击“录制”工具栏中的“下一项”按钮，或在放映区单击鼠标，直到最后一张幻灯片，然后按下“Esc”键，即可结束排练，并弹出“是否保留幻灯片的排练时间”提示框，如图 4 – 31 所示。

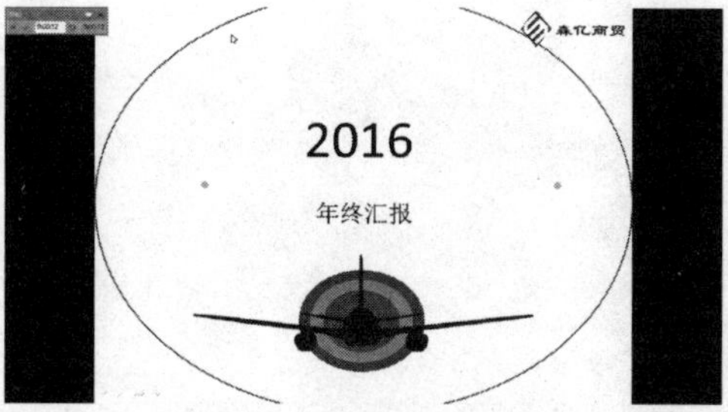

图 4 – 30　排练计时

图 4 – 31　是否保留排练计时提示框

④单击“是”按钮，关闭提示框，并自动切换到幻灯片浏览视图，并标记每张幻灯片的排练时间，如图 4 – 32 所示。

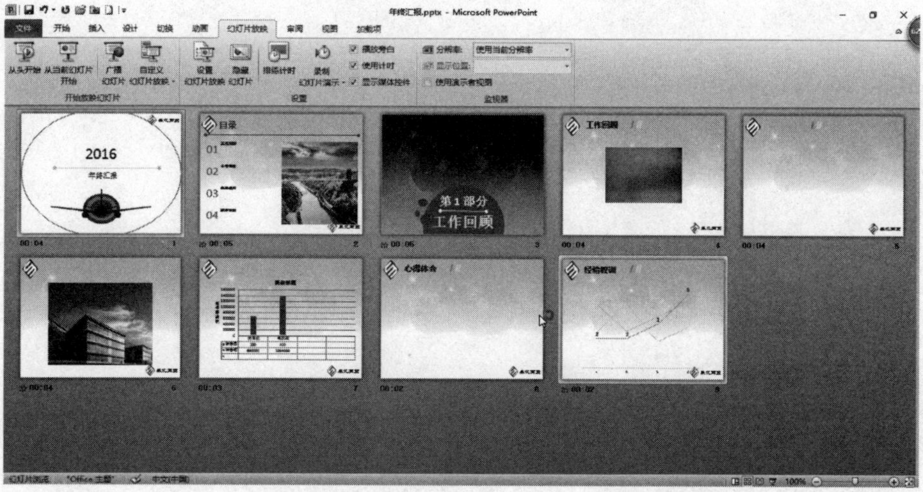

图 4 – 32　幻灯片排练时间

（5）放映幻灯片

完成以上设置后，就可以放映幻灯片了，幻灯片的放映方式包括：从头放映、从当前幻灯片开始、广播幻灯片和自定义幻灯片放映。可以用以下方式放映幻灯片：

①点击状态栏右侧的“幻灯片放映”按钮。

②在“幻灯片放映”功能选型卡下，单击“从头开始按钮”，或者“从当前幻灯片开始”按钮。

③按下键盘上的“F5”键，可从第一张幻灯片开始放映。

④选择“自定义放映”，可以自定义幻灯片放映的顺序。

【注意】幻灯片放映时，为了保证演示文稿中链接的文档、音频或视频能正常观看，必须把相应的文件与演示文稿文件一起复制到进行展示的电脑设备上，并且，确保链接路径正确（通常把文件放到一个文件夹或压缩文件中）。

实训项目 制作个人宣传演示文稿

【实训目标】

运用本项目介绍的 PowerPoint 母版的设计、PowerPoint 编辑等知识，设计完成个人宣传演示文稿。

【实训要求】

制作出的演示文稿要符合以下要求：

1. PPT 要包含有封面页和结束页，要求 PPT 风格统一、图文并茂、设计美观
2. 每张 PPT 设置不同的切换风格，PPT 中至少包括一个自定义动画
3. 为 PPT 插入一个主题音乐，插入一段录制的小视频
4. 使用排练计时设置放映方式

【实训内容】

1. PPT 母版设计和应用
2. 在 PPT 中插入图片、形状、音频、视频等多种元素
3. 设置 PPT 中各种元素的动画效果和 PPT 的切换方式
4. 练习使用不同的 PPT 放映方式

项目五

学习常用办公设备的使用

任务一　常见办公设备的使用

【任务目标】

- 掌握打印机的使用
- 掌握复印机的使用
- 掌握传真机的使用

【任务引入】

小明毕业后应聘到公司的第一个工作任务就是打印客户合同，并且要把合同传真给客户。合同要求一式3份，正反两面打印。办公室经常要用到打印机、传真机、复印机、扫描仪等设备，但是小明很少有机会使用，如何操作，小明犯了难。

【任务分析】

办公室经常要用到打印机、传真机、复印机、扫描仪等设备，掌握这些设备的日常使用是很有必要的。

活动1　打印机的使用

一、 打印机的种类

打印机（Printer）是计算机的输出设备之一，用于将计算机处理结果打印在相关介质上。衡量打印机好坏的指标有三项：打印分辨率，打印速度和噪声。打印机的种类很多，按打印元件对纸是否有击打动作，分为击打式打印机与非击打式打印机；按所采用的技术，目前常用的打印机主要有两类：一种是激光打印机，一种是喷墨打印机。喷墨打印机的优点是使用成本低，缺点是打印速度慢，效果不如激光打印机。激光打印机正好相反，其优点是打印效果好，打印速度快，缺点是使用成本高。除了以上两种最为常见的打印机外，还有热转印打印机和大幅面打印机等几种应用于专业方面的打印机机型。

下面以激光打印机为例介绍打印机的日常使用。

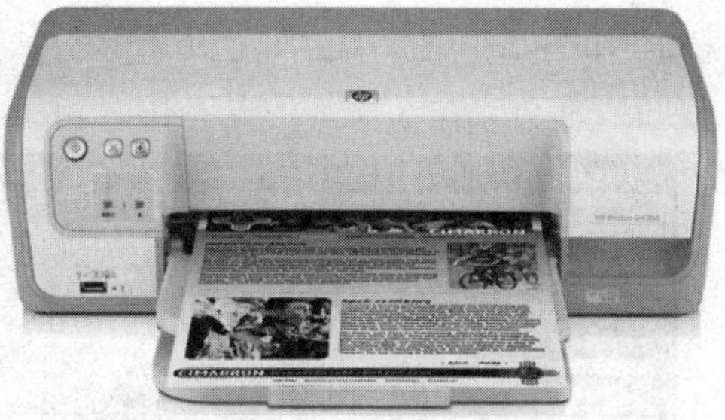

图 5－1 喷墨式打印机

图 5－2 激光打印机

二、 打印机安装、 连接电脑

1. 将打印机和电脑用数据线连接起来

现在的打印机一般都是如图 5－3 所示的两种接口：USB 接口、LPT 接口。把连接线的两端分别接在打印机和电脑的相应位置即可。

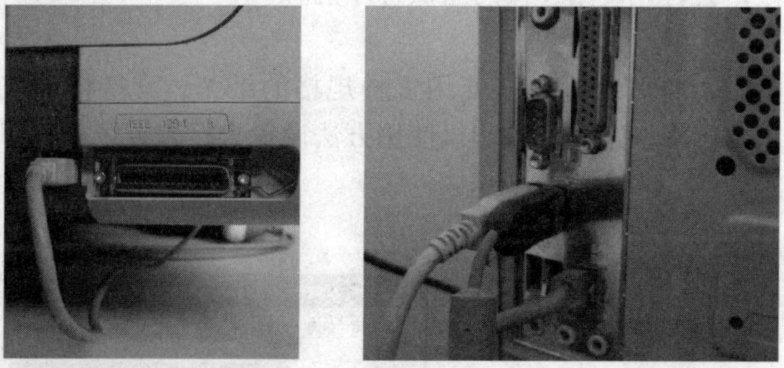

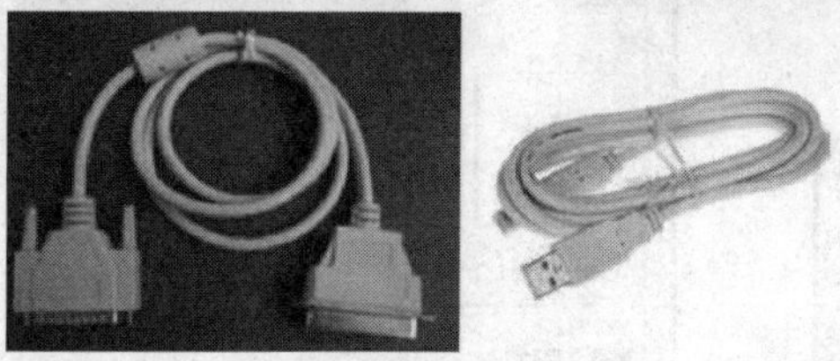

提示：
若要连接并行打印机，应首先关闭电脑，然后再连接，以防止损坏接口。要连接USB接口打印机，可以直接带电连接。

图 5－3 打印机接口与连接方式

2. 安装打印机驱动程序

接下来电脑、打印机接通电源并开机。打印机连到电脑上，会出现提示，有新硬件提示，一般打印机会自带驱动安装好，然后就可以使用了。

另一种情况，用打印机自带的驱动安装光盘，或者到这台打印机的官网下载同型号的驱动。点击电脑上的“控制面板”进入到“打印机和传真”文件夹，选择“添加打印机”命令，打开添加打印机向导窗口，如图 5－4 所示。选择“连接到此计算机的本地打印机”，执行安装就可以了。

安装打印机驱动程序后，打开“打印机和传真”，就可以看到添加的打印机，如图5－5所示。

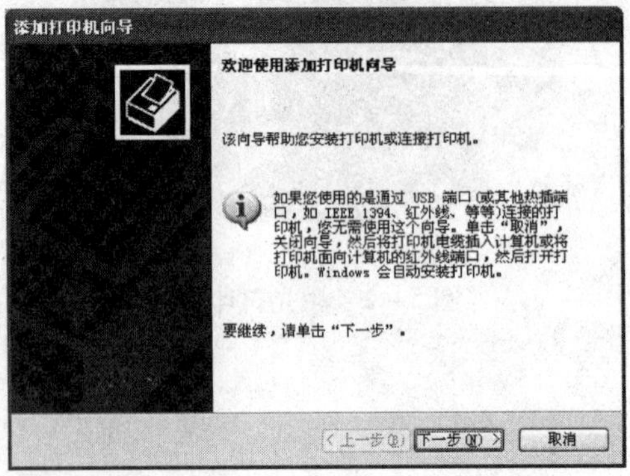

图5－4　打印机向导窗口

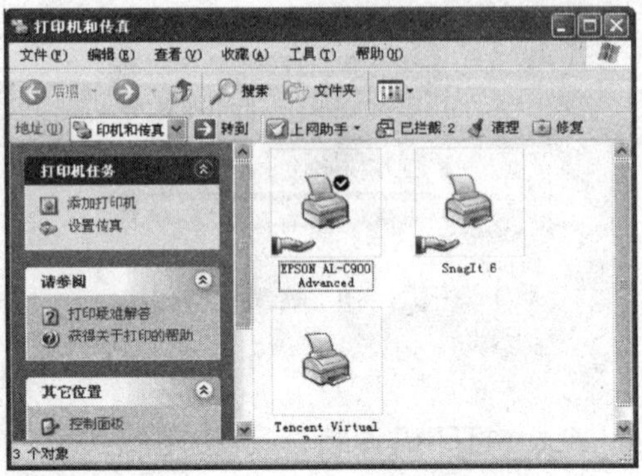

图5－5　添加的打印机

如果连接了多台打印机，可以选择常用的打印机设置为默认打印机，如图5－6所示，那么每次打印的时候，会首先使用连接的默认打印机。

3. 设置打印机

为了适应各种打印需求，打印机都支持使用多种规格的纸张，支持横向或纵向打印，为了方便起见，我们可以将最常用的打印机使用方法设置为打印首选项，以免每次打印文档时都要进行设置。

图5－6　设置默认打印机

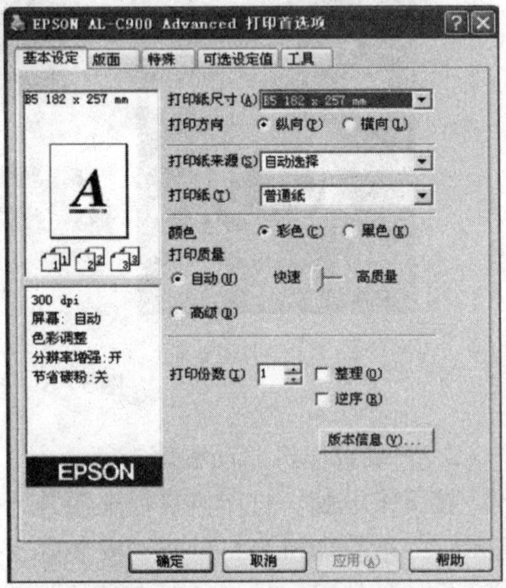

图5－7　设置打印首选项

三、 打印机的使用

首先要编辑好需要打印的文件，并且在文档的页面设置中选择需要的“纸张大小”“页边距”“纸张方向”等选项。确定打印机已接通电源，并且正常工作（纸张、墨盒等耗材充备）后，点击“打印”命令即可。

正确使用激光打印机，在使用过程中需要注意以下问题。

1. 注意打印介质

由于激光打印机的工作过程与普通针式打印机不同，不具备打击功能，而是用光电原理将墨粉溶化入纸质中，因而激光打印机不能打印蜡纸，不过质量好的复印纸和黏合纸、信封、标签和投影透明胶片等都可以作为激光打印机用纸。还有一点要提醒的是，激光打印机用纸必须干燥不能有静电，否则易卡纸或导致打印机的文件发黑。打印纸应保存在温度 17 ~ 23℃，相对湿度 40% ~ 50% 的环境中，这样才可以得到最佳的打印效果。

卡纸处理

打印过程中若发现卡纸故障，可将打印机盖打开，将卡在打印机内的纸抽出来，再关上打印机盖，故障即可排除。若频繁出现故障，就要用干布清洁打印机的电晕丝和送纸轨道及进纸搓纸橡皮轮。

2. 保护好感光鼓

激光打印机按计算机发出的命令，通过光电作用，将带电墨粉吸附在感光鼓上，再从感光鼓印到打印纸上，加热墨粉，使墨粉溶入纸纤维中，完成打印功能。因此感光鼓在整个激光打印过程中起着重要作用，而且一个感光鼓的价值一般在千元左右，因而感光鼓的保养也更为重要。感光鼓在工作时应保持相对湿度在 20% ~ 80%，温度在 10 ~ 32. 5℃，避免阳光直射，尽量做到恒温恒湿。感光鼓在未拆封时使用有效期为两年半，拆封后的有效期为 6 个月，鼓盒上印有有效期，一定要在有效期内使用。感光鼓从铝袋包装拿出后不能放在阳光下直接照射，也不能在室内灯光下放置超过十分钟，否则将影响打印效果。在打印过程中有时打印机液晶显示屏上会显示信息，表明此时感光鼓中的墨粉将用完，必须马上加粉或更换感光鼓，否则打印出来的稿件将变淡，还会出现白条。避免用手触摸感光鼓，因为人手指上的油脂往往会永久地破坏它的表面并会直接影响打印质量。要尽量避免感光鼓暴露在光线下，不要打开感光鼓的保护盖，因为感光鼓的过度暴露会造成打印页上出现不正常的暗或亮区域，还会降低使用寿命。

3. 不要触摸定影器

该部件上一般都标有中、英文“高温，请勿触摸”的字样，特别是如果刚使用完打印机，该部件的温度往往很高。

此外，除非手册中有明确的指示，否则不要触摸打印机内的部件；不要把打印机的部件用力放入某一位置。虽然打印机设计得非常牢固，但是粗暴的操作也会造成直接损坏。当从打印机中取出碳粉盒时，应把它放在一个干净、平滑的表面上，不要把碳粉盒上下翻转，也不要把它立于一端，更不要在（室内）光线下长时间地暴露碳粉盒。

扩展应用

打印机的共享

办公室里有多台电脑，只有一台电脑连接打印机，其他电脑想要打印文件，就必须通过共享打印机来实现。

1. 共享打印机

首先，在安装好了打印机的电脑上设置打印机共享。右键点击图标带有黑勾的默认打印机，点击“共享”，打开打印机属性对话框，如图 5－8 所示，切换到“共享”选项卡，点击选择“共享这台打印机”并确定。打印机共享后会在打印机上显示一个平摊的手掌。

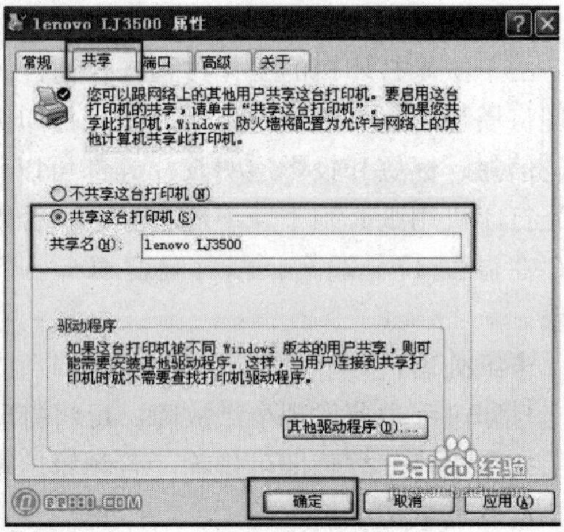

图 5－8　打印机属性对话框

接下来同一个工作组中的其他电脑就可以通过设置，共同使用这台打印机了。

在另一台电脑中依次打开“控制面板”——“打印机和传真”，在左侧打印机任务中点击“添加打印机”。打开“添加打印机向导”。

依次操作：选择“网络打印机或连接到其他计算机的打印机”——“浏览打印机”，从出现的下拉菜单中选择之前共享的打印机，并点击下一步——设置该台打印机为默认打印机。

通过以上步骤，其他电脑也能连接到共享的打印机了，在打印的时候，只需要在打印机名称中选择刚刚添加的打印机即可打印。

2. 网络打印机

网络打印机是指通过打印服务器（内置或者外置）将打印机作为独立的设备接入局域网或者 Internet，从而使打印机摆脱一直以来作为电脑外设的附属地位，使之成为网络中的独立成员，成为一个可与其并驾齐驱的网络节点和信息管理与输出终端，其他成员可以直接访问使用该打印机。

两种连接方式都可以实现多台电脑共享一台打印机，但是前一种连接方式在其他电脑打印时，直接连接打印机的电脑（可称之为主机）必须要开机，并且连接到网络，而后一种方式则只要打印机接入网络并开机即可。

活动 2　复印机的使用

复印机是从书写、绘制或印刷的原稿得到等倍、放大或缩小的复印品的设备。复印机复印的速度快，操作简便，与传统的铅字印刷、蜡纸油印、胶印等的主要区别是无需经过其他制版等中间手段，而能直接从原稿获得复印品。

一、复印机的种类

复印机按工作原理，可分为光化学复印机、热敏复印机、静电复印机和数码激光复印机四类。

目前办公室常用的复印机是指静电复印机和数码复印机。静电复印机是利用静电技术进行文书复制的设备。它通过曝光、扫描方式将原稿的光学模拟图像通过光学系统（如：镜头、镜子）直接投射到已被充电的感光鼓上，产生静电潜像，再经过显影、转印、定影等步骤，完成整个复印过程。

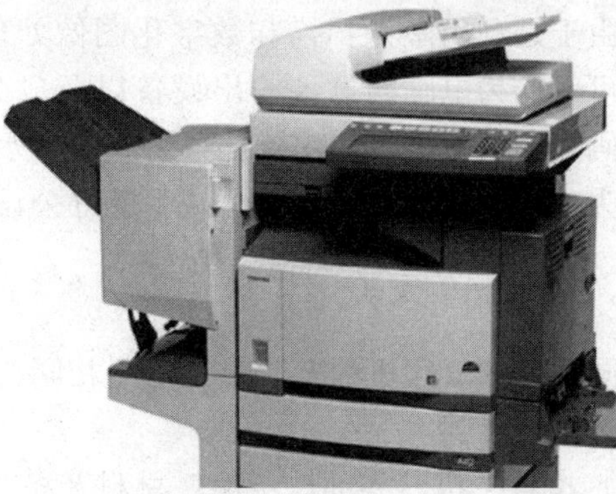

图 5－9　复印机

数码复合机是以复印功能为基础，标配或可选打印、扫描、传真功能，采用数码原理，以激光打印的方式进行文件输出，可以根据需要对图像、文字进行编辑操作。由于数码复印机采用了先进的数码技术，所有原稿经数码一次性扫描存入复印机存储器中，使其可以进行复杂的图文编辑，大大提高了复印机的工作效率和复印质量，降低了复印机的故障发生的几率。

数码复印机与模拟复印机相比，其优点主要有以下几点：

（1）数码复印机只需对原稿进行一次性扫描，存入复印机存储器中，即可随时复印所需的多页份数。它与模拟复印机相比，减少了扫描的次数，因此也就减少了扫描器产生的磨损及噪声，同时减少了卡纸的机会。

（2）由于传统的模拟复印机是通过光反射原理成像，因此会有正常的物理性偏差，造成图像与文字不能同时清晰地表达。数码复印机具有图像和文字分离识别的功能，在处理图像与文字混合的文稿时，复印机能以不同的处理方式进行复印，因此文字可以鲜明地复印出来，而照片则以细腻的层次变化的方式复印出来。而且数码复印机还支持文稿、图片/文稿、图片、复印稿、低密度稿、浅色稿等多种模式，及多达 256 级的灰色浓度，充分体现出复印件的清晰整洁。

（3）很容易实现电子分页，并且一次复印后的分页数量远远大于模拟复印机加分页器所能达到的份数。

（4）因为数码复印机采用数码处理，因此能提供强大的图像编辑功能，例如：自动缩放、单向缩放、自动启动、双面复印、组合复印、重叠复印、图像旋转、黑白反转、25%～400%缩放倍率等多种编辑效果。

（5）采用先进的环保系统设计，使数码复印机无废粉、低臭氧、自动关机节能，图像自动旋转，减少废纸的产生。

（6）配备传真组件，就能升级成为 A3 幅面的高速激光传真机，可以直接传送书本、杂志、钉装文件，甚至可以直接传送三维稿件。配备打印组件，就能升级成为 A3 幅面的高速双面激光打印机。安装网络打印卡并连接于局域网后便可作为高速网络打印机，实行网络打印。

从上面可以看出，数码复印机所拥有的优点是传统模拟复印机所无法比拟的。数码复印机由于是利用激光扫描和数字化图像处理技术成像的，因此它不仅仅提供复印功能，还可以作为电脑的输入输出设备以及成为网络的终端。现代化办公讲究的是高效率，数码复印机的出现使现代化办公如鱼得水。而且随着数字化技术的普及，数码复印机将成为现代化办公环境中不可缺少的办公设备。

二、复印机的安装

不同品牌的复印机的安装过程不尽相同，安装时建议参考随机操作手册进行，但一般需经过以下步骤：

（1）检查主机、零部件、消耗材料及备件，确保完整无缺（新机器要按操作手册说明逐一小心地去掉包装物或紧固件后检查）。

（2）按照安放要求正确放置主机，并依次安装感光鼓，加入载体及墨粉，安装纸盒和副本盘。

（3）主机显示及工作状态检查。

（4）机器试运行。

（5）做好记录。

（6）安装自选附件。

三、复印机的使用

将复印机安装好，安全接通电源后，就可以使用复印机复印文件了，复印文件的过程如下。

1. 预热

按下复印机的电源开关，开始预热，面板上应有指示灯显示并出现等待信号。当预热时间达到，机器即可开始复印，这时会出现可以复印信号或以音频信号告知。

2. 检查原稿

拿到需要复印的原稿后，应大致翻阅一下，需要注意以下几个方面：原稿的纸张尺寸、质地、颜色，原稿上的字迹色调，原稿装订方式、原稿张数以及有无图片等需要改变曝光量的原稿。这些因素都与复印过程有关，必须做到心中有数。对原稿上不清晰的字迹、线条应在复印前描写清楚，以免复印后返工。可以拆开的原稿应拆开，以免复印时不平整，出现阴影。

3. 检查机器显示

复印机的操作面板如图 5 - 10 所示，包含打印机操作的功能键和显示信息，包括①开始、清除/清除键；②数字键；③功能选择区；④故障显示区。

机器预热完毕后，应看一下操作面板上的各项显示是否正常。主要包括以下几项：可以复印信号显示、纸盒位置显示、复印数量显示为“1”、复印浓度调节显示、纸张尺寸显示，一切显示正常才可以进行复印。

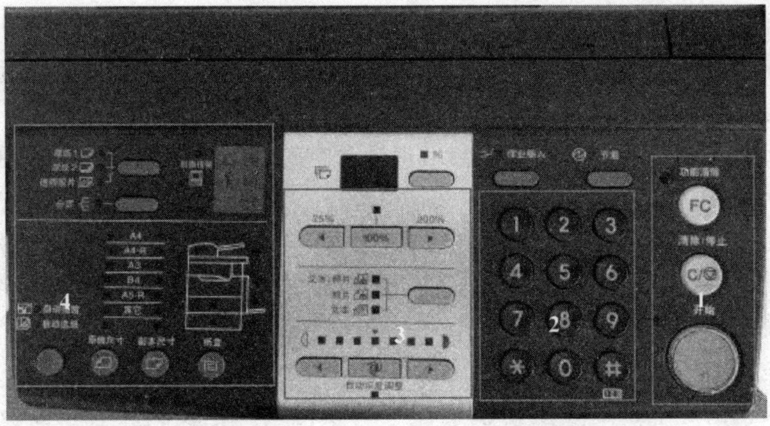

图 5－10　复印机操作面板

4. 放置原稿

根据稿台玻璃刻度板的指示及当前使用纸盒的尺寸和横竖方向放好原稿。需要注意的是，复印有顺序的原稿时，应从最后一页开始，这样复印出来的复印品顺序就是正确的，否则，还需重颠倒一遍。

5. 设定复印份数

按下数字键设定复印份数。若设定有误可按“清除”键，然后重新设定。

6. 设定复印倍率

一般复印机的放大仅有一挡，按下放大键即可，缩小倍率多以 A3－A4，B4－B5 或百分比等表示，了解了复印纸尺寸，即可很容易地选定缩小倍率。如果无需放大、缩小，可不按任何键。

7. 选择复印纸尺寸

根据原稿尺寸，放大或缩小倍率按下纸盒选取键。如机内装有所需尺寸纸盒，即可在面板上显示出来；如无显示，则需更换纸盒。

8. 调节复印浓度

根据原稿纸张、字迹的色调深浅，适当调节复印浓度。原稿纸张颜色较深的，如报纸，应将复印浓度调浅些，字迹线条细、不十分清晰的，如复印品原稿是铅笔原稿等，则应将浓度调深些。复印图片时一般应将浓度调淡。

设置完毕，按下“开始”键，复印机开始复印文件。

四、 复印过程常见问题的处理

按下复印开始键，机器便开始运转，数秒钟后纸张进入机内，经过充电、曝光、显影、转印、定影等工序即可复印出复印品。

复印过程中常会遇到一些问题，如：卡纸、墨粉不足，废粉过多等，必须及时处理，否则就不能继续复印。复印过程中卡纸是不可避免的，但如果经常卡纸，说明机器有故障，需要进行维修。这里只谈谈偶尔卡纸的排除。

卡纸后，面板上的卡纸信号亮，这时需打开机门或左（定影器）右（进纸部）侧板，取出卡住的纸张。一些高档机可显示出卡纸张数，以“P1、P2”等表示，“P0”表示主机内没有卡纸，而是分页器中卡了纸。取出卡纸后，应检查纸张是否完整，不完整时应找到夹在机器内的碎纸。分页器内卡纸时，需将分页器移离主机，压下分页器进纸口，取出卡纸。若纸张用完时面板上会出现纸盒空的信号，装入复印纸，可继续复印。

1. 墨粉不足

墨粉不足信号灯亮，表明机内墨粉已快用完，将会影响复印质量，应及时补充，有些机型出现此信号机器停止运转，有些机型仍可继续复印。加入墨粉前应将墨粉瓶或筒摇动几次，使结块的墨粉碎成粉末。

2. 废粉过多

从感光鼓上清除下来的废墨粉收集在一只废粉瓶内，装满后会在面板上显示出信号，有些机器与墨粉不足使用同一个信号，这就更应当注意检查，当废粉装满时要及时倒掉。有些机型要求废粉不能重复使用，特别是单一成分显影机器，否则会影响显影质量。

活动3 传真机的使用

传真机是影像扫描器、调制解调器及电脑打印机的一种合体，扫描仪把文件的内容转化成数码影像，调制解调器则把影像资料透过电话线传送，在另一端的打印机则把影像变成原文件的复印本。

现在市场上主要有两种传真机，即热敏纸传真机和喷墨/激光传真机。热敏纸传真机是通过热敏打印头将打印介质上的热敏材料熔化变色，生成所需的文字和图形。热转印从热敏技术发展而来，它通过加热转印色带，使涂敷于色带上的墨转印到纸上形成图像。最常见的传真机中应用了热敏打印方式。

激光式普通纸传真机是利用碳粉附着在纸上而成像的一种传真机，其工作原理主要是利用机体内控制激光束的一个硒鼓，凭借控制激光束的开启和关闭，从而在硒鼓产生带电荷的图像区，此时传真机内部的碳粉会受到电荷的吸引而附着在纸上，形成文字或图像图形。喷墨式传真机的工作原理与点矩阵式列印相似，由步进马达带动喷墨头左右移动，把从喷墨头中喷出的墨水依序喷布在普通纸上完成打印的工作。

1. 连接传真机

每一个传真机的后面都会有两个电话线接口：一个为 LINE 口，接电话线；另一个为 EXT 口，外接电话（也可称分机）。先把电话线接主线接口，再用电话线连分机。

2. 传真机发送和接受文件

（1）发送文件。

①装入文件：把要发送的文件放到文件进稿器上，选择好清晰度和对比度。

②呼叫对方：拨打对方的传真号码，等待对方回应，拨通传真号码后，如果对方是自动接收就可以点击传真机上面的“传真按钮”，如果是需要人工接通，还要等待对方回应后，再按传真机上面的“传真按钮”，通常对方准备好了，会听到“嘀”的一声，

表明可以传真了。

③启动发送文件：听到对方信号后，按下“启动”键，挂下话筒，传真过程开始，文件会自动进入传真机并发送给对方，对方接收文件，等待传真的内容从传真出口全部出来后，传真就表示完成了。

④如果传输失败，会有错误信息显示。

（2）接收文件。

电话铃响时，拿起话筒后，按照对方要求，按下传真机上的传真/复印/输入（一般是绿色的），然后放下电话，对方收到传真信号后就会发送，等待接收文件即可。

3. 传真机的养护常识

（1）不要频繁开关机。

因为每次开关机都会使传真机的电子元器件发生冷热变化，而频繁的冷热变化容易导致机内元器件提前老化，每次开机的冲击电流也会缩短传真机的使用寿命。

（2）尽量使用专用的传真纸。

劣质传真纸的光洁度不够，使用时会对感热记录头和输纸辊造成磨损。记录纸上的化学染料配方不合理，会造成打印质量不佳，保存时间更短。而且记录纸不能长期暴露在阳光或紫外线下，以免记录纸逐渐褪色，造成复印或接收的文件不清晰。

（3）使用过程中打开合纸舱盖。

打印中不要打开纸卷上面的合纸舱盖，如果真的需要必须先按停止键以避免危险。同时打开或关闭合纸舱盖的动作不宜过猛。因为传真机的感热记录头大多装在纸舱盖的下面，合上纸舱盖时动作过猛，轻则会使纸舱盖变形，重则会造成感热记录头的破裂和损坏。

（4）经常做清洁。

要经常使用柔软的干布清洁传真机，保持传真机外部的清洁。对于传真机内部，除了每半年将合纸舱盖打开使用干净柔软的布或使用纱布蘸酒精擦拭打印头外，还有滚筒与扫描仪等部分需要清洁保养。因为经过一段时间使用后，原稿滚筒及扫描仪上会逐渐累积灰尘，最好每半年清洁保养一次。当擦拭原稿滚筒时，一样必须使用清洁的软布或蘸酒精的纱布，需要小心的是不要将酒精滴入机器中。而扫描仪的部分（如：CCD或CIS以及感热记录头）就比较麻烦，因为这个部分在传真机的内部，所以需要工具的帮忙。一般来说会有一种清理工具，蘸了酒精以后，由走纸口送入传真机，进行复印功能时，就可以清洁扫描仪玻璃上的灰尘。切不可直接用手或不洁布、纸去擦拭。

（5）使用环境很重要。

传真机要避免受到阳光直射、热辐射，及强磁场、潮湿、灰尘多的环境，或是接近空调、暖气机等容易被水溅到的地方。同时要防止水或化学液体流入传真机，以免损坏电子线路及器件。为了安全，在遇有闪电、雷雨时，传真机应暂停使用，并且要拔去电源及电话线，以免雷击造成传真机的损坏。

实训项目　使用打印机、复印机制作毕业论文

【实训目标】

运用本项目介绍的打印机、复印机的使用方法和技巧，完成设置好格式的毕业论文的打印。

【实训要求】

1. 页面设置、设置论文格式
2. 论文使用 A4 规格打印纸，正确放置打印纸，防止打印纸卡纸
3. 双面打印，正确调整打印纸
4. 使用打印机的复印功能完成论文复制

【实训内容】

1. 论文的页面设置和格式设置
2. 选择合适的打印纸
3. 正确放置打印纸使用
4. 使用打印机的复印功能复制多份论文

参考文献

[1] 靳广斌. 现代办公自动化教程［M］. 北京：中国人民大学出版社，2012.

[2] 赖利君，黄学军. Office 办公软件案例教程［M］. 北京：人民邮电出版社，2013.

[3] 陈信. 办公自动化［M］. 上海：复旦大学出版社，2014.

[4] 杨卫民，等. 电脑办公自动化实用教程［M］. 北京：清华大学出版社，2012.

[5] 尹建新. 办公自动化高级应用案例教程——Office 2010［M］. 北京：电子工业出版社，2014.

[6] 许大盛，吴永春. 办公自动化［M］. 北京：水利水电出版社，2015.

[7] 杨云江，等. 办公自动化教程［M］. 北京：清华大学出版社，2016.

[8] 张锐昕. 办公自动化概论［M］. 北京：清华大学出版社，2004.

[9] 谢海燕. Office 2010 办公自动化高级应用实例教程［M］. 北京：水利水电出版社，2013.

[10] 吴春兰. 办公自动化教程［M］. 北京：机械工业出版社，2014.

[11] 杨瑜. 办公自动化［M］. 北京：中国农业出版社，2010.

[12] 上海市计算机应用能力考核办公室. 办公自动化［M］. 上海：复旦大学出版社，2010.

[13] 张震，等. 办公自动化［M］. 北京：北京师范大学出版社，2014.

[14] 刘冬伟，计胜学. 办公自动化（项目教学）［M］. 北京：人民邮电出版社，2008.